BOTANISCHE ABHANDLUNGEN

AUS DEM GEBIET

DER MORPHOLOGIE UND PHYSIOLOGIE.

HERAUSGEGEBEN

VON

Dr. JOHANNES HANSTEIN,

PROFESSOR DER BOTANIK AN DER UNIVERSITÄT BONN.

ZWEITER BAND.

ERSTES HEFT.

Die Blüthen-Entwicklung der Piperaceen

von Dr. Fr. Schmitz.

BONN,

BEI ADOLPH MARCUS.

1872.

DIE

BLÜTHEN-ENTWICKLUNG

DER

PIPERACEEN.

VON

DR. Fr. SCHMITZ.

MIT 5 LITHOGRAPHIRTHEN TAFELN.

BONN,
BEI ADOLPH MARCUS.
1872.

Die Blüthen-Entwicklung
der Piperaceen.

Durch die Untersuchungen Hansteins[1]) über den Bau des Vegetationspunktes der Angiospermen war in dem anscheinend ordnungslosen Meristeme ein wohlgeordnetes System von Einzelgeweben nachgewiesen worden. Dadurch ward es erst möglich, auch die Veränderungen des Meristemes in der fortschreitenden Entwicklung der Sprossspitze, bei der Anlage seitlicher Ausgliederungen und innerer Differenzirungen, genauer zu verfolgen. Vor allem musste die Lehre von der Entwicklung der Blüthen daraus grossen Gewinn ziehen. Während nämlich bis dahin die Beobachtung der Blüthenentwicklung bei dem erten Erscheinen der Zellgewebs-Höcker stehen bleiben musste, war nun ein Schritt weiter, die Beobachtung der einzelnen Vorgänge im Zellgewebe selbst, ermöglicht worden und die Aussicht eröffnet, so mancherlei Streitfragen, an denen die Blüthenmorphologie ja besonders reich ist, einer endgültigen Entscheidung näher zu bringen.

Von diesen Gesichtspunkten aus sind die nachfolgenden Untersuchungen unternommen worden. Die ausserordentlich geringe Grösse aller Theile der Blüthe der *Piperaceen*, sowie die entsprechend geringe Anzahl der Zellen liess von vorn herein hier eine geringere Schwierigkeit erwarten, gesetzmässige Veränderungen im Zellgewebe bei der Anlage der einzelnen Blüthentheile zu erkennen. Andererseits aber mussten auch die bisherigen unsicheren Angaben über den Bau der Blüthen in den verschiedenen Gruppen der Familie zu genauerer Untersuchung anregen.

Eine vorläufige Mittheilung über die Entwicklung der Blüthe von *Peperomia* sowie über die morphologische Deutung der Samenknospe

---

1) Hanstein, die Scheitelzellgruppe im Vegetationspunkte der Phanerogamen. Bonn 1868.

erschien im August 1869 in den Sitzungsberichten der Niederrheinischen Gesellsch. f. Natur- und Heilkunde zu Bonn[1]). Vollendet und abgeschlossen aber wurden die nachfolgenden Beobachtungen erst einige Zeit später. Die Schwierigkeit, günstiges Material der verschiedenen Species aus den verschiedenen botanischen Gärten herbeizuschaffen, verursachte diese Verzögerung. Dann aber zog mich der Ausbruch des Krieges im Juli 1870[2]) völlig von den fast beendigten Untersuchungen ab und gestattete mir erst fünf Vierteljahr später, im Herbste 1871, die gewonnenen Resultate in der vorliegenden Form zusammenzustellen.

Der Blüthenbau der *Piperaceen* ist bisher noch kaum der Gegenstand eingehenderer Beobachtungen gewesen. Die Angaben der Autoren über diesen Punkt sind fast sämmtlich ganz unsicher und zweifelhaft. Nur die einzige Gattung *Peperomia* R. et P. ist genauer untersucht, ihr Blüthenbau sicher festgestellt worden. Alle übrigen Gattungen der Familie aber sind hinsichtlich ihres Blüthenbaues entweder noch kaum bekannt, oder aber die Angaben darüber so mannigfaltig und widersprechend[3]), dass sie wenigstens einer jeden Sicherheit entbehren. Die Entwicklung der Blüthen irgend einer Species der Familie aber ist meines Wissens noch niemals genauer untersucht worden[4]).

---

1) Sitzung vom 2. August. Abgedruckt in der Bot. Zeitung 1870. p. 40.

2) Dessen Folgen auch ausserdem noch den Beginn des Druckes vom 2. Bande dieser Abhandlungen verzögerte. Der Herausgeber.

3) Während die meisten Autoren doch darin wenigstens übereinstimmen, dass jede einzelne Blüthe aus Staubgefässen und Fruchtknoten bestehe (abgesehen natürlich von den eingeschlechtigen Formen), findet sich in Achille Richard, Nouveaux éléments de Botanique 10. Aufl. (besorgt durch Ch. Martins) Paris 1870 p. 144 folgende Angabe über die Blüthe der *Piperaceen*: Les chatons se composent de fleurs mâles et de fleurs femelles, mélangées sans ordre et souvent entremêlées d'écailles. Chaque étamine, qui est à deux loges, représente pour nous une fleur mâle et chaque pistil une fleur femelle. Assez souvent les étamines se groupent autour du pistil en nombre très-variable et semblent alors constituer autant de fleurs hermaphrodites qu'il y a d'écailles.

4) Vergl. jedoch unten am Ende die Nachschrift.

Der Blüthenstand aller *Piperaceen*[1]) ist ein ährenförmiger. An einer mehr oder minder dicken fleischigen Kolbenspindel stehen in ausserordentlicher Menge sehr kleine Deckblättchen und in den Achseln derselben ebenso kleine meist sitzende Blüthen. Beide, sowohl Deckblätter als Blüthen zeigen nun bei den verschiedenen Gattungen der Familie eine verschiedene Gestalt und Entwicklung. Im Folgenden sollen diese einzelnen Formen einzeln zur Sprache kommen, soweit es mir möglich war, mir geeignetes Material aus den verschiedenen Gattungen zur Untersuchung der Blüthenentwicklung zu verschaffen.

Werfen wir zuerst einen Blick auf die Kolbenspindel[2]) selbst. Nach der Anlage der obersten Laubblätter erhebt sich der bisher fast unthätige flache Vegetationspunkt plötzlich in beschleunigtem Wachsthum zu einem steilen Kegel, der rasch die Gestalt eines schlanken cylindrischen Zäpfchens mit abgerundeter Spitze annimmt. Erst ziemlich weit unterhalb der eigentlichen Kolbenspitze beginnt das Hervortreten der ersten Blattanlagen, die in sehr grosser Anzahl und rascher Folge ringsum über die Oberfläche derselben sich erheben. Der anatomische Bau dieser Kolbenspitze (Taf. 1, Fig. 2 und 3) stimmt dabei völlig mit der allgemeinen Regel überein, die zuerst Hanstein für sämmtliche Angiospermen aufgestellt hat. Ein centrales Plerom (pl) setzt sich scharf und deutlich gegen ein umhüllendes, zwei Zellenlagen mächtiges Periblem (pe) ab, das Ganze aber umhüllt dann wieder eine einheitliche Epidermis (Dermatogen). Aus dem Plerom geht der centrale Gewebekörper der Kolbenspindel hervor, das Dermatogen setzt sich als einheitliche Oberhaut über alle Theile des Blüthenkolbens fort, die beiden Zellenlagen des Periblems aber erzeugen aus sich

---

1) Ich folge in der Begrenzung und Eintheilung der Familie, sowie in der Benennung der Gattungen noch durchaus dem System, das Miquel zuletzt in dem kleinen Aufsatze »De Piperaceis Novae Hollandiae« (Medded. der Kon. Akad. van Wetenschapp. Afd. Natuurk. 2de Reeks. Deel II. 1866) aufgestellt hat. Cas. de Candolle vereinigt in der Bearbeitung der *Piperaceen* im 16. Bande des Prodromus die *Saurureae* Rich. mit den *Piperaceen* und vertheilt diese letzteren nur auf 4 Gattungen: *Piper*, *Chavica*, *Verhuellia*, *Peperomia*. An einem anderen Orte gedenke ich auf diese Punkte etwas näher einzugehen.

2) Ausführlicheres über Bau und Entwicklung dieser Kolbenspindel findet sich in meiner Inaugural-Dissertation: Das Fibrovasalsystem im Blüthenkolben der *Piperaceen*. Bonn 1871.

das Gewebe der Rinde und die Masse der seitlichen Ausgliederungen. Schon kurz unterhalb des Vegetations-Scheitels spaltet sich die innere Periblem-Lage (pe_2) in zwei Zellenlagen. Weiter abwärts wiederholt sich derselbe Vorgang noch ein oder mehrere Male, bis schliesslich ein mehr oder minder unregelmässiges Theilungsverfahren diese Zellenlagen erfasst und sie so zur echten „primären“ Rinde sich entwickeln lässt. Zur Bildung dieser primären Rinde aber trägt die äussere Periblem-Lage (pe_1) fast gar nichts bei. Sie bleibt vom Vegetationsscheitel an stets einfach und vermehrt ihre Zellen ausschliesslich durch Flächentheilung. In ihr aber beginnt weiterhin die Anlage der seitlichen Ausgliederungen des Blüthenkolbens, der Deckblätter und ihrer Achselblüthen.

Die weitere Entwicklung des Pleroms und der inneren Periblemlage zum Markkörper und der Rinde der Kolbenspindel ist bereits anderwärts ausführlich besprochen worden. Nur das eine verdient noch hervorgehoben zu werden, dass im Inneren des Pleroms das Fibrovasalsystem des Kolbens als ein System stammeigener Stränge angelegt wird, an die späterhin die einzelnen Blattspurstränge der Deckblätter seitlich sich ansetzen. Hier sind es die Neubildungen jener äusseren Periblem-Lage, die ausführlicher in ihrer Entwicklung geschildert werden sollen.

Und zwar sollen hier zuerst die Deckblätter, dann die Blüthen selbst je nach der verschiedenen Gestaltung zur Sprache kommen, die sie in den einzelnen Gattungen der Familie gewinnen.

1. Entwicklung der Deckblätter.

Schon bei der ersten Anlage der Blüthendeckblätter zeigt sich zwischen den beiden grossen Hauptabtheilungen der Familie, den *Peperomieae* und den *Pipereae*, eine durchgreifende Verschiedenheit, die auch fernerhin in dem ganzen Entwicklungsgang des Blüthenkolbens stets hervortritt.

Bei den *Peperomieen* geht die Entwicklung stets gleichmässig vor sich, allmählich von unten nach oben fortschreitend, so dass an demselben Kolben unten bereits weit vorgeschrittene Blüthen sich finden, während oben erst die ersten Zelltheilungen zur Bildung der Deckblätter auftreten. Bei den *Pipereen* dagegen sind fast stets die obersten Brakteen und Blüthen ebenso weit entwickelt als die untersten. Bei diesen zeigt ein medianer Längsschnitt des Blüthenkolbens fast stets nur ein und dasselbe Entwicklungsstadium der Auszweigungen, bei jenen dagegen immer eine längere Reihe der verschiedensten Zustände.

Die erste Anlage des einzelnen Deckblattes erfolgt nun durchaus in derselben Weise, wie nach Hanstein's Angaben alle seitlichen Ausgliederungen der Angiospermen entstehen, durch Neubildung im Periblem.

Verfolgt man auf dem radialen Längsschnitt des Blüthenkolbens (Taf. **1**, Fig. 2, 3) vom Scheitel des Vegetationskegels an abwärts die beiden Zellenlagen des Periblems, so sieht man die innere derselben (pe_2) durch ein- oder mehrmalige Spaltung eine ziemlich dicke Rinde bilden, deren Zellen noch ziemlich regelmässig in Längsreihen geordnet sind. Die äussere Periblem-Lage (pe_1) dagegen behält stets ihre Gestalt als einfache Zellenlage bei, in ihr vermehren sich die Zellen ausschliesslich durch Flächentheilung. Plötzlich aber tritt Neubildung ein. Eine kreisförmige Scheibe von Zellen dieser Schicht, im Längsschnitt sowohl als auch im Querschnitt c. 3—5 Zellen stark (Taf. **1** Fig. 2 I, 3 I), streckt sich senkrecht zur Kolbenoberfläche und theilt sich alsdann derselben parallel (Taf. **1** Fig. 2 II, 3 II). Die Anzahl dieser Zellen ist keineswegs constant. Ebensowenig aber lässt sich stets eine bestimmte Reihenfolge in dem Auftreten jener Scheidewand in den einzelnen Zellen beobachten, wenn auch im allgemeinen die mittleren Zellen denen des Randes um ein geringes vorauszueilen pflegen.

Diese Zelltheilung ist die erste sichtbare Anlage des entstehenden Blattes, das sich nun rasch weiter entwickelt. Die Zellen der beiden Lagen strecken sich abermals senkrecht zur Kolbenoberfläche und theilen sich derselben parallel. Bei dieser zweiten Theilung aber sind die Zellen der Mitte bereits um ein beträchtliches vorausgeeilt und zeigen weit eher die Theilungswände als die Zellen des Randes. Zugleich wächst die Anzahl dieser Zellen auch durch wiederholte Flächentheilung, ohne dass aber diese Flächentheilung nach einer bestimmten Regel mit der Spaltung abwechselte. So entsteht schliesslich aus der runden einfachen Zellscheibe ein nach aussen halbkugeliger, nach innen abgeplatteter Zellkörper (Taf. **1** Fig. 4, 5, Taf. **2** Fig. 11, Taf. **3** Fig. 14, Taf. **4** Fig. 1).

Mit dieser Neubildung in der äussersten Periblemlage geht nun Hand in Hand eine Neubildung der Epidermis. Schon durch die erste Streckung der Periblem-Zellen ward das Dermatogen lokal aufgetrieben und zur Ausdehnung in Richtung der Fläche veranlasst. Je weiter dann das Wachsthum jenes Zellenkörpers fortschreitet, um so häufiger wird in der Epidermis die Flächentheilung und Streckung der Zellen in Richtung der Fläche, so dass stets die Ausbildung der Oberhaut mit der Ausbildung der jungen Blattanlage gleichen Schritt hält.

Zugleich wird die junge Blattanlage nach aussen über der Oberfläche des Kolbens sichtbar. Anfangs kaum zu erkennen zeigt sich hier eine schwache Erhebung, die bald höher wird und zu einem deutlichen halbkugeligen Höcker heranwächst.

Eine Gruppe von Zellen der äusseren Periblem-Schicht also bildet das Blatt aus sich hervor. Die Epidermis folgt zwar stets dem neu auftretenden Zelltheilungs-Streben, doch sie folgt demselben mehr passiv. Sie dehnt sich nur aus, um auch die ganze Oberfläche des neu entstehenden Phyllomes als einfache Oberhaut zu überziehen, trägt aber niemals zum Aufbau dieses Phyllomes direct bei.

Ebensowenig thut dieses das Rindengewebe, das unmittelbar unterhalb jener Periblemscheibe liegt. Es strecken sich zwar auch hier zuweilen einzelne Zellen namentlich der äussersten Zellenlagen senkrecht zur Kolbenoberfläche und theilen sich derselben parallel, ganz analog den Zellen jener Periblem-Scheibe (z. B. Taf. **3** Fig. 14). Doch mit dieser ein- höchstens zweimaligen Theilung hat es dann auch sein Bewenden. Zudem tritt diese Neubildung in der äussersten Rindenlage sehr häufig erst sehr spät, wenn das junge Blatt bereits eine beträchtliche Grösse erreicht hat, oft auch überhaupt nicht ein. Von einem Antheil derselben an dem Aufbau des Blattes kann somit wohl nimmer die Rede sein.

Bis hierher stimmt der Entwicklungsgang der Deckblätter bei allen untersuchten Formen der Familie völlig überein. Nun aber beginnen sich die jungen Blattanlagen bei den verschiedenen Gattungen in verschiedener Weise weiter zu entwickeln.

Peperomia.

(Taf. 1 und 2 Fig. 1—10.)

Betrachten wir hier zunächst die Gruppe der *Peperomieen*, die vor den *Pipereen* sich sehr vortheilhaft durch die geringere Anzahl der Zellen auszeichnet, aus denen die einzelnen Sprosstheile aufgebaut werden. Als Beispiel wähle ich *Peperomia ionophylla* Griseb.[1]).

Jener kleine halbkugelige Höcker, der das jüngste Stadium des Deckblattes darstellt, wächst rasch zu einem kurzen cylindrischen Zäpfchen heran. Die Zellen desselben strecken sich hauptsächlich in der Längsrichtung dieses Zäpfchens und theilen sich senkrecht dazu, ohne dass Längstheilung derselben ausgeschlossen wäre. Dann beginnen am äusseren Ende des Zäpfchens die Zellen der oberen Seite sich weit beträchtlicher auszudehnen und zu vermehren als die Zellen der unteren Seite. Dadurch tritt bald an der Spitze des Zäpfchens nach oben, nach der Kolbenspitze zu, ein vorspringender Rand hervor und neigt sich mehr und mehr über die Blattachsel hin (Taf. 1 Fig. 5—7).

Zu dieser Zeit etwa tritt in der jungen Blattanlage die erste Differenzirung des Blattspurstranges ein. Bisher waren die Zellen des Blatt-Inneren ebenso wie die benachbarten Zellen der Rinde noch rein parenchymatisch (Taf. 1 Fig. 5). Nun tritt in einem Zellstrange, der die Mitte der jungen Blattanlage mit dem nächsten stammeigenen Fibrovasalstrang auf dem kürzesten Wege verbindet, wiederholt Längstheilung ein und erzeugt so eine Reihe langgestreckter, prosenchymatischer Zellen, den Procambium-Strang der Blattspur (Taf. 1 Fig. 6, 7). Dabei schreitet diese Theilung von innen, von der Ansatzstelle an den stammeigenen Strang aus nach aussen hin fort bis in das Gewebe des jungen Zäpfchens hinein; in diesem Zäpfchen selbst aber verläuft der Procambiumstrang genau in der Mediane nahe unter der Oberseite.

Dass die Bildung dieses Procambium-Stranges an der Ansatzstelle an das stammeigene Bündel beginnt und von da aus durch die Rinde in das junge Blatt hinein fortschreitet, ist kaum zweifellos festzustellen.

1) Die einzelnen Species, die in der folgenden Darstellung namentlich aufgeführt werden, sind (mit Ausnahme von *Artanthe recurva* Miq.) durch Vergleich mit den Exemplaren der Göttinger Herbarien bestimmt worden, wofür ich H. Prof. Grisebach, sowie meinem Freunde Dr. Reinke zu grossem Danke verpflichtet bin.

Die ersten Zelltheilungen in dem Rindengewebe, die zur Bildung dieses Stranges dienen, sind von den sonstigen Zelltheilungen dieses Gewebes nicht zu unterscheiden. Die Hauptwachsthumsrichtung der Zellen ist hier parallel der Längsachse des Kolbens, die Haupttheilungsrichtung senkrecht dazu. Durch dieselbe Zelltheilungsrichtung geschieht aber auch die erste Anlage des Procambium-Stranges. Viel leichter zu entscheiden ist die Frage für die junge Blattanlage selbst. Hier ist die Hauptwachsthumsrichtung der Zellen parallel der Längsachse des Zäpfchens, die Haupttheilungsrichtung senkrecht dazu. Die erste Anlage des Procambium-Stranges aber geschieht durch Theilung parallel der Längsachse des Zäpfchens. So werden denn auch hier die Procambium-Zellen schon sehr bald nach der ersten Zelltheilung als solche von dem umgebenden Parenchym sich unterscheiden lassen, was in der Rinde erst viel später der Fall sein kann. Für das Blatt selbst lässt sich daher leicht konstatiren, dass die Bildung des Procambium-Stranges von der Ansatzstelle zur Spitze fortschreitet. Dass dies aber auch für den unteren Theil des Blattspurstranges, soweit er innerhalb der Rinde gelegen ist, gilt, dass mithin die Entwicklung dieses Blattspurstranges in seiner ganzen Ausdehnung von unten nach oben fortschreitet, das glaube ich mit Sicherheit daraus schliessen zu dürfen, dass, sobald die ersten Procambium-Zellen an der Ansatzstelle des Blattes sichtbar werden, stets ein Strang in derselben Richtung gestreckter Zellen bis zum nächsten stammeigenen Strang sich verfolgen lässt, mithin schon vorher sich entsprechend getheilt haben muss.

Die Methode, die Naegeli[1]) in seinen klassischen Untersuchungen über die Entstehung der Fibrovasal-Stränge der Phanerogamen befolgt hat, nach der Reihenfolge des Sichtbarwerdens der Spiralfaser in den ersten Gefässzellen die Reihenfolge der Bildung der betreffenden Fibrovasalmassen zu bestimmen, scheint mir hier keine genaue Entscheidung abgeben zu können. Denn dass vielfach das Auftreten der Spiralfaser genau Hand in Hand geht mit dem Alter der Zellen — eine Beobachtung, die Naegeli als das Resultat zahlreicher Untersuchungen hinstellt —, das berechtigt noch keineswegs zu dem

---

1) Naegeli, Beiträge z. w. Bot. Heft I. Das Wachsthum des Stammes und der Wurzel bei den Gefässpflanzen und die Anordnung der Gefäss-Stränge im Stengel (1858).

Schlusse, dass dies Verhältniss immer auch bei den nicht untersuchten Pflanzen stattfinde. So lange diese Frage in einem bestimmten Falle aber nicht entschieden ist, so lange wird die genannte Methode niemals sichere Resultate gewähren. So lange bleibt vielmehr nur die Beobachtung der ersten Zelltheilungen übrig, welche die Bildung des Procambiumstranges einleiten, um über die Entstehungsweise dieses Stranges entscheiden zu können. Freilich stösst dieser Weg oft auf sehr grosse und kaum zu bewältigende[1]) Schwierigkeiten, wie z. B. hier bei der vorliegenden Frage.

Doch, kehren wir wieder zur jungen Blattanlage zurück. Zur Zeit des ersten Auftretens des Procambiumstranges bestand derselbe aus einem kurzen Zäpfchen, das nach oben umgebogen war. Nun beginnt sowohl auf der unteren Seite dieses Zäpfchens (Taf. 1 Fig. 7) als auch rechts und links an demselben ein lebhaftes Wachsthum und Vermehrung der Zellen des Blattinneren, dem die Epidermiszellen durch vermehrte Flächentheilung nachkommen. Dadurch tritt auf der unteren Seite des Blättchens ein mehr und mehr vorspringender Rand hervor, der auf die rechte und linke Seite übergreift und nach oben hin an den übergebogenen oberen Rand sich anschliesst. Das ganze Blatt erlangt somit die Gestalt eines runden kurzgestielten Schildchens.

Von nun an ändert sich die allgemeine Gestalt des Deckblattes nicht mehr, nur die einzelnen Theile dehnen sich noch beträchtlich aus, bis die definitive Grösse erreicht ist. Das entwickelte Deckblatt (Taf. 1 Fig. 8, Taf. 2 Fig. 9, 10) bildet somit ein rundes Schildchen, das in einen kurzen cylindrischen Stiel mit stets kreisförmigem Querschnitt sich verschmälert.

Ganz denselben Entwicklungsgang wie die Deckblätter der *Pep. ionophylla* zeigen sämmtliche *Peperomien*, die mir zur Untersuchung kamen[2]). Kleinere Abweichungen, die natürlich auch hier nicht fehlen

1) Vergl. auch Naegeli und Schwendener, das Mikroskop (1867) p. 625: »Das Cambium selbst zu verfolgen, ist in der grossen Mehrzahl der Fälle unmöglich«.

2) Die Angabe von Cas. de Candolle (Mémoire sur la famille des Pipéracées p. 7), dass den Brakteen der Gattung *Peperomia* kein Blattspurstrang zukomme, habe ich bereits in meiner Dissertation: Das Fibrovasalsystem etc. p. 15 Anm. 2 für alle Formen, die ich untersuchen konnte, in Abrede gestellt.

können, sind von geringer Bedeutung. So ist bei einzelnen Species z. B. *Luschnathiana* h. Berol. der schildförmige Aussentheil im Verhältniss zum Stiele weit beträchtlicher entwickelt als bei *P. ionophylla*. Bei anderen Arten z. B. *P. valantoides* Miq. tritt die Entwicklung dieses Schildes gar sehr zurück hinter der Ausbildung des Stieles, der hier ausserordentlich dick erscheint und kaum nach aussen durch den vorspringenden Rand von dem Schilde unterschieden werden kann.

Alle *Peperomien* aber stimmen, soweit ich dieselben untersuchen konnte, darin überein, dass der Querschnitt ihres Deckblattstieles stets eine kreisförmige Gestalt besitzt, während dagegen alle *Pipereen*, die ich bis jetzt untersucht, mögen ihre Brakteen denen der *Peperomien* sonst noch so ähnlich sein, stets einen mehr oder weniger dreikantigen Querschnitt des Deckblattstieles darbieten.

Piper.

(Taf. 4 Fig. 10—14, Taf. 5 Fig. 1.)

An die schildförmige Gestalt des Deckblattes der *Peperomien* schliesst sich zunächst das ebenfalls schildförmige Deckblatt der grossen Gattung *Piper* Miq. an. Leider konnte von der grossen Zahl der Arten dieser Gattung nur eine einzige Species, *Piper nigrum* L.[1]), genauer untersucht werden und auch von dieser nur der männliche Blüthenkolben.

Bei dem ersten Hervortreten über die Kolbenoberfläche erscheint die junge Blattanlage als kleiner halbkugeliger Höcker, der in seinem Umriss schnell eine elliptische Gestalt annimmt. Rasch erhebt sich dieser Höcker immer höher, und zugleich eilen auch hier wie bei *Peperomia* die Zellen der Oberseite durch intensives Wachsthum denen der Unterseite bedeutend voraus (Taf. 4 Fig. 10). Dadurch wölbt sich auch hier ein oberer Rand mehr und mehr über die Blattachsel hin, in der nun bereits die erste Anlage der Achselblüthe auftritt (Taf. 4 Fig. 11). Der Stiel dieser Blattanlage aber wird gleichzeitig mehr und mehr dreikantig, so dass der Querschnitt desselben, der anfangs rund war, dann elliptisch wurde, nun immer deutlicher die Gestalt

1) Aus den bot. Gärten zu Heidelberg, Giessen und Marburg.

eines gleichschenkligen Dreiecks darbietet, dessen Basis der Blattachsel zugewandt ist.

Auf diesem Entwicklungsstadium etwa beginnt die Bildung des Blattspurstranges, die hier ganz in derselben Weise wie bei *Peperomia* erfolgt. Wie dort, so setzt auch hier der Fibrovasalstrang an einen zunächst gelegenen stammeigenen Strang an und verläuft von hier aus nach der Ansatzstelle des Blattes hin und in der Mediane desselben dann aufwärts, stets auch hier nahe unter der Oberseite (Taf. 4 Fig. 11 pr).

Auch weiterhin noch zeigt sich die Uebereinstimmung mit *Peperomia.* So wächst auch hier auf der unteren Seite der jungen Blattanlage, ebenso wie rechts und links ein ziemlich breiter Rand hervor, der mit dem oberen vorspringenden Rande sich verbindet und so dem ganzen Blatte eine schildförmige Gestalt verleiht. Doch springt hier auf dem medianen Längsschnitt noch lange der obere Rand weit beträchtlicher vor als der untere; und auch dadurch unterscheidet sich die Schildgestalt der Bractee von *Piper* auf diesem Entwicklungsstadium deutlich von *Peperomia*, dass dort die Schildplatte kreisförmig, hier aber rautenförmig ist, dort der Stiel des Schildes kreisrund, hier dagegen deutlich dreikantig.

Die fernere Entwicklung der jungen Blattanlage geht Hand in Hand mit der ferneren Streckung der Kolbenspindel. Der vorspringende Rand vergrössert sich nur wenig, um so beträchtlicher aber ist die Ausdehnung in die Dicke, die der Stiel des Schildes erlangt. Durch die bedeutende Ausdehnung der Kolbenspindel sowohl in die Länge als auch in die Dicke wird die Ansatzfläche des Deckblattes bedeutend vergrössert. Ganz gleichmässig damit vergrössert sich auch der Querschnitt des Deckblattstieles. So zeigt die fertige Braktee eine sehr eigenthümliche Form. Auf einem sehr niedrigen, dicken, dreikantigen Zäpfchen liegt eine rautenförmige Schildplatte auf, die nach drei Seiten hin nur mit einem schmalen Rande vorspringt und nur nach oben über die Blattachsel hin ein wenig weiter hervorragt (Taf. 5 Fig. 1 Medianer Längsschnitt).

Enckea.

(Taf. 2 Fig. 11—17. Taf. 3 Fig. 1—8.)

Wesentlich verschieden von den bisher genannten Gattungen ist die ganze Entwicklungsweise der Deckblätter bei den übrigen näher untersuchten Blüthenformen.

Ich schliesse hier zunächst die Gattung *Enckea* Kunth an, von der ich mehrere Species genauer untersuchen konnte, die aber alle in der Bildung der Brakteen durchaus übereinstimmen. Als Beispiel für die folgende Darstellung diene *E. Amalago* Grs.

Der kleine halbkugelige Blatthöcker (Taf. 2 Fig. 11), der auch hier der allgemeinen Regel entsprechend aus einer Zellscheibe des Periblems hervorgegangen ist, nimmt auch hier sehr bald einen elliptischen Umriss an und erhebt sich schnell zu einem ziemlich grossen Zäpfchen. Auch hier wird durch bedeutende Vermehrung der Zellen der Blattoberseite ein oberer Rand vorgeschoben, der sich bald kapuzenförmig über die Blattachsel hinwölbt (Taf. 2 Fig. 12, 13).

Eine besondere Vermehrung der Zellen der Unterseite des Blattes wie bei *Peperomia* und *Piper* unterbleibt jedoch hier völlig. Dagegen tritt hier auf der Unterseite die Epidermis selbstständig neubildend auf. Die Zellen derselben erzeugen durch Hervorstülpen (Fig. 12 tr) und wiederholtes Abschnüren auf dieser Seite sehr zahlreiche lange Haare, die namentlich da, wo das ganze Zäpfchen nach oben umbiegt, einen dichten, nach rückwärts spreizenden Schopf darstellen. Auf der oberen Blattseite treten die Haare nur in sehr geringer Anzahl hervor, auf der Aussenfläche des Zäpfchens aber niemals, auch nicht im ferneren Verlaufe der Entwicklung. Durch dieses kapuzenförmige Uebergreifen der oberen Blattränder und das dichte Haargeflecht werden die Zwischenräume zwischen den einzelnen Deckblättern gegen die Umgebung fast vollständig abgeschlossen und gewähren den hervorsprossenden jungen Blüthen einen durchaus sicheren Schutz. Was bei *Peperomia* und *Piper* das Zusammenschliessen und Uebereinandergreifen der schildförmigen Bracteen bewirkte, wird somit hier, wo es nicht zur Entwicklung solcher Schilder kommt, ebenso vollständig wie dort durch andere Mittel erreicht.

Gleichzeitig haben auf diesem Entwicklungsstadium die einzelnen Deckblätter den ovalen Querschnitt ihres unteren Theiles, des Stieles, bereits mit einem mehr dreiseitigen vertauscht. Ebenso hat auch die Bildung des Blattspur-Procambiumstranges bereits begonnen, und zwar ganz in derselben Weise wie bei *Peperomia* (Taf. 2 Fig. 12). Einer genaueren Darstellung bedarf es somit hier weiter nicht.

Wenden wir uns vielmehr sogleich zur ferneren Ausbildung der allgemeinen Gestalt des Deckblattes. Dieselbe beschränkt sich fernerhin ausschliesslich auf die Vergrösserung der bereits angelegten einzelnen Theile (Taf. 3 Fig. 7). Durch die stets zunehmende Ausdehnung der Kolbenspindel in die Länge und Dicke, an der die Ansatzflächen der Bracteen jedoch kaum Antheil nehmen, rücken die einzelnen Deckblätter immer weiter auseinander. Der übergebogene Rand der einzelnen Blättchen verlängert sich mehr und mehr und nimmt zugleich beträchtlich in die Dicke zu. Gleichzeitig streckt sich auch der Stiel der Blattschuppe mehr und mehr in die Länge. So wird natürlich auch der Raum für die junge Achselblüthe immer grösser und gestattet dieser ein stetig zunehmendes Wachsthum. Noch immer aber bleibt dieselbe von der jetzt völlig kapuzenförmigen Deckschuppe vollständig eingehüllt und bedeckt.

Endlich bedarf es dieses Schutzes nicht mehr. Die Blüthe hat alle ihre einzelnen Theile fertig angelegt und dehnt sich nun nur noch aus. Zu diesem Zeitpunkte hört das Wachsthum auch in dem Deckblatte allmählich auf, nur der Stiel streckt sich noch bedeutend. Zur Zeit der Geschlechtsreife der Blüthe aber ist auch in diesem alle neubildende Thätigkeit erloschen. Dann steht die Deckschuppe als ein dünnes schmales Blättchen mit übergebogener Spitze, bedeckt mit zahlreichen langen Haaren (Taf. 3 Fig. 6) mitten unter den dichtgedrängten Einzelblüthen, kaum bemerkbar zwischen den zahlreichen Staubgefässen, die an Länge demselben völlig gleichkommen.

Artanthe. Ottonia. Pothomorphe.

(Taf. 3 Fig. 9—22, Taf. 4 Fig. 1—9, Taf. 5 Fig. 2—14.)

Der letzte Typus der Deckblattbildung, der hier noch zu betrachten bleibt, umfasst die artenreiche Gattung *Artanthe* Miq. und einige kleinere Gattungen, die sich an jene anschliessen. Am ausgeprägtesten und reinsten aber zeigte sich dieser Typus bei *Ottonia laeta* Kunth [1]), auf die desshalb hier zunächst näher eingegangen werden soll.

Die erste Anlage des Deckblattes erfolgt ganz nach der allgemeinen Regel aus dem Periblem. Sehr bald nimmt dann auch hier der halbkugelige Blatthöcker einen elliptischen Umriss an und erhebt sich allmählich zu einem ziemlich hohen cylindrischen Zäpfchen. Das innere Gewebe dieses Zäpfchens besteht dabei aus einer Anzahl einfacher Zellstränge, die auf der Kolbenoberfläche senkrecht stehen. Bald aber eilen die mittleren dieser Stränge ihren Genossen voraus; sie spalten sich am äusseren Ende wiederholt und nehmen an Ausdehnung in die Dicke zu, so dass dadurch der äussere Theil des Zäpfchens bald an Dicke den inneren übertrifft (Taf 5 Fig. 5). Bei der grossen Anzahl und sehr dicht gedrängten Stellung der Zäpfchen müssen nun sehr bald die dickeren äusseren Theile sich berühren und bei noch weiter gehendem Dickenwachsthum einander drängen und abplatten. Die Gestalt dieser äusseren Hälften wird dadurch fast regelmässig sechskantig, während der innere dünnere Theil immer deutlicher einen dreiseitigen Querschnitt annimmt. So bleiben zwischen diesen dreikantigen Stielen kleine Räume für die Entstehung der Blüthen frei, die durch jenen dichten äusseren Verschluss gegen äussere Einflüsse vollständig abgeschlossen und geschützt sind.

Allmählich streckt sich die Kolbenspindel in die Länge, die einzelnen Zäpfchen rücken dadurch auseinander, der Verschluss derselben wird gelockert. Da beginnt nun die Oberseite der Deckschuppe anzuschwellen und sich allmählich über die Blattachsel hinzuwölben. Ein breiter Querwulst tritt in der Mitte der Oberseite hervor und entwickelt sich rasch zu einem schützenden dachartigen Rande, der über die junge Blüthenanlage sich hinwölbt und so dem ganzen Deckblatte eine fast kapuzenförmige Gestalt verleiht (Taf. 5 Fig. 11, 12). In diesem Stadium zeigt das Deckblatt der *Ottonia* eine grosse Aehnlichkeit mit dem von *Enckea*, die Art und Weise, wie diese Gestalt in beiden Fällen zu Stande kommt, ist aber eine ganz verschiedene.

Schon vorher gleich beim ersten Auftreten jenes vorspringenden Wulstes der Blattoberseite hat auch hier die Bildung des Blattspurstranges begonnen, ganz in derselben Weise wie bei *Peperomia*. Wie

1) Aus dem bot. Garten zu Berlin.

dort so läuft auch hier der spätere Fibrovasalstrang von dem zunächst gelegenen stammeigenen Strange nach der Ansatzstelle des Deckblattes hin und in der Mediane desselben dann aufwärts bis in die Spitze des vorspringenden Randes hinein.

Während aber bei *Enckea* die kapuzenförmige Gestalt des Deckblattes stets beibehalten wird, geht sie hier bei *Ottonia* rasch wieder verloren. Durch ein stärkeres Wachsthum und Dehnung der Zellen der Blattoberseite unterhalb jenes vorspringenden Randes wird das ganze Deckblatt zurückgebogen. Der bis dahin dachartig nach vorne abfallende Rand wird aufgerichtet und der Kolbenoberfläche parallel gestellt. Die ursprüngliche Aussenfläche des kurzen Zäpfchens aber biegt sich nach hinten und springt nun als ein dicker Wulst nach unten vor (Taf. 5 Fig. 13). Das ganze Deckblatt zeigt nun ungefähr die Gestalt eines kleinen Schildchens, das auf einem ziemlich dicken, drei- bis vierkantigen Stiele aufsitzt und in seiner äusseren Gestalt sehr an die Deckblätter von *Piper* erinnert. Die ganze Entwicklungsweise aber entfernt beide Deckblattformen weit von einander.

Damit hat die Entwicklung des Deckblattes ihr Ende erreicht. Der Stiel des Schildchens streckt sich zwar noch beträchtlich in die Länge und lässt zahlreiche lange Haare aus der Epidermis hervorsprossen, eine weitergehende Veränderung der Gestalt aber unterbleibt nun völlig. —

Ganz dieselbe Entwicklungsweise des Deckblattes wie bei *Ottonia laeta* findet sich nun in der ganzen Gruppe der *Artanthe* und der verwandten Gattungen in mehr oder minder vollständiger Ausbildung wieder. Sehr nahe kommt der genannten Species in der Deckblattbildung *Artanthe recurva* Miq. (in sched.)[1]). Doch bleibt hier vor allen der vorspringende Rand der Blattoberseite bedeutend kürzer als dort. Bei der Rückwärtskrümmung des ganzen Deckblattes muss denn auch die schildförmige Gestalt desselben weit weniger deutlich entwickelt sein, das Schildchen selbst weit weniger gegen den Stiel sich absetzen, als dies bei *Ottonia* der Fall ist. Um so zahlreicher wird aber hier bei *A. recurva* Miq. das Auftreten langer Haare, die zuerst auf der Unter-

---

1) Aus den bot. Gärten zu Bonn und Berlin. Die Pflanze ward von dem leider inzwischen verstorbenen Prof. Miquel selbst nach den Exemplaren seines eigenen Herbariums bestimmt.

seite, dann auch auf der Oberseite des Deckblattes in Menge hervorsprossen, die Aussenfläche des Schildchens aber stets völlig frei lassen (Taf. 3 Fig. 14, 15, 21, 22). —

Eine noch weit grössere Abweichung von *Ottonia* zeigt dann die Deckblattbildung bei *Artanthe Jamaicensis* Griseb.

Hier erhebt sich jener Wall der Blattoberseite nur zu einer sehr geringen Höhe und bleibt vor allem viel zu niedrig, um dem ganzen Deckblatte bei dessen Rückwärtskrümmung eine schildförmige Gestalt zu verleihen. Das ganze Deckblatt erscheint hier vielmehr als ein schmales lineales Zäpfchen, dessen äusserer oberer Theil keulenförmig angeschwollen ist (Taf. 3 Fig. 9, 11).

Bei der geringen Höhe, zu der sich hier jener Wall der Blattoberseite erhebt, muss natürlich auch der Verschluss der einzelnen Zäpfchen bei der Längsstreckung des ganzen Kolbens sehr bald ein höchst unvollständiger werden. Ein sicherer Abschluss der einzelnen Blüthen nach aussen während ihres Entwicklungsganges wird aber auch hier bewirkt und zwar durch die zahlreichen langen Haare, die zuerst auf der Unterseite, dann bei der Rückwärtskrümmung des ganzen Zäpfchens auch auf der Oberseite in Menge hervortreten. Durch das dichte Geflecht dieser Haare wird so auch hier das erreicht, was bei *Ottonia* das feste Zusammenschliessen der einzelnen Deckblättchen selbst bewirkt. —

Noch weit einfacher gestaltet sich schliesslich die Deckblattbildung der Gattung *Pothomorphe* Miq. (Taf. 4 Fig. 1, 2). Hier unterbleibt nicht nur völlig das Zusammenschliessen der einzelnen Zäpfchen, sondern es bleibt auch hier jener vorspringende Querwulst der Oberseite so niedrig, dass von einem Schutze der Blattachsel durch denselben nicht im mindesten die Rede sein kann. Um so massenhafter aber ist dafür hier das Auftreten jener langen Haare (tr), die hier ausschliesslich durch ihr dichtes Geflecht einen Abschluss der jungen Blüthen nach aussen bewirken.

Damit ist die Anzahl der genauer untersuchten Blüthenformen erschöpft. Ueberblicken wir noch einmal die vorhergehende Darstellung, so lassen sich deutlich vier verschiedene Typen der Deckblattbildung unterscheiden, die sich um die vier grossen Genera *Peperomia*,

Piper, *Enckea* und *Artanthe* gruppiren. Wenn auch z. B. die schildförmige Gestalt des entwickelten Deckblattes in mehreren dieser Typen wiederkehrt oder in dem Typus der *Artanthe* scheinbar sehr verschiedene Formen vereinigt sind, so verbindet doch die ganze Entwicklungsweise von der ersten Anlage bis zur fertigen Ausbildung sämmtliche untersuchten Formen deutlich zu diesen vier wohl unterschiedenen Gruppen.

Diese vier Typen aber besitzen noch eine weit allgemeinere Bedeutung. Alle Formen der Deckblätter, die ich bisher an Herbarienexemplaren untersuchen konnte, lassen sich sämmtlich einem dieser vier Typen unterordnen. Dieselbe Form der Deckblattbildung wie sämmtliche *Peperomien* zeigen auch die Arten der Gattung *Verhuellia* Miq. Auf die Deckblätter von *Piper nigrum* lassen sich alle die mannigfaltigen Formen der Bracteen zurückführen, die in der formenreichen Gattung *Piper* Miq. sich vorfinden. An *Enckea* schliesst sich auf's innigste die Gattung *Callianira* Miq. an. Und endlich können die obengenannten Arten von *Ottonia*, *Artanthe* und *Pothomorphe* als Norm dienen für die sämmtlichen, so zahlreichen Species dieser drei Gattungen.

Somit zeigt sich schon hier bei der Bildung der Deckblätter eine Eintheilung der ganzen Familie in vier verschiedene Gruppen angedeutet; eine Eintheilung, die sich bei der Darstellung des Entwicklungsganges der Blüthen noch viel schärfer und natürlicher herausstellen wird.

2. Entwicklung der Blüthen.

Die erste Anlage der einzelnen Blüthe erfolgt ebenso wie die erste Anlage der Deckblätter in allen untersuchten Formen der Familie in derselben Weise.

Wie oben dargethan, entstehen an dem jungen Blüthenkolben die Brakteen in zahlloser Menge und dichtgedrängt aus einzelnen Zellengruppen der äusseren Periblem-Schichte (Taf. I Fig. 1). Zwischen diesen einzelnen Brakteen bleiben dabei nur sehr geringe Massen jener Periblem-Schichte übrig, die unverändert die Gestalt einer einfachen Zellenlage beibehalten. Ein Längsschnitt durch zwei über einander stehende Bracteen zeigt nur eine sehr geringe Anzahl ungetheilter Periblemzellen dieser äusseren Schichte zwischen den Blattanlagen (z. B. Taf. 1 Fig. 7). Eine solche kleine Scheibe von Periblem-Zellen oberhalb einer jungen Blattanlage gibt nun der Blüthe den Ursprung.

Das erste Auftreten dieser Blüthe wird erst sichtbar, wenn die zunächst stehenden Bracteen schon eine beträchtliche Grösse erreicht haben[1]). Alsdann strecken sich die Zellen jener kleinen Periblem-Scheibe senkrecht zur Kolbenoberfläche und theilen sich derselben parallel (Taf. 1 Fig. 7, 9, 10, Taf. 2 Fig. 12, Taf. 3 Fig. 15, Taf. 4 Fig. 3, 10, Taf. 5 Fig. 5). Jene Scheibe spaltet sich somit in eine äussere und eine innere Lage. Eine bestimmte Reihenfolge der einzelnen Zellen bei dieser Theilung ist aber nicht zu beobachten, ebensowenig wie bei der ersten Theilung zur Anlage des Blattes.

Oben bei der Darstellung der ersten Anlage des Blattes war bereits darauf hingewiesen worden, dass sehr häufig neben der Neubildung in der äusseren Periblem-Lage eine Neubildung in dem darunter gelegenen Rindengewebe eintrete. Diese Neubildung erfasst auch die Rindenzellen unterhalb der Scheibe noch ungetheilter Periblem-Zellen, die der Blüthe den Ursprung geben (z. B. Taf. 4 Fig. 1). Ja häufig tritt grade hier eine besonders thätige Neubildung auf. Doch unterbleibt hier auch häufig jede Neubildung gänzlich, häufig tritt sie auch erst ein, wenn die betreffende Blüthe bereits sehr weit entwickelt ist. In jedem Falle aber nimmt sie an der Bildung der Masse dieser Blüthe nicht den geringsten Antheil. Diese Aufgabe fällt vielmehr ausschliesslich jener Gruppe von Periblem-Zellen der äusseren Schichte zu.

Die erste sichtbare Neubildung in dieser Periblem-Scheibe bestand also in der Spaltung in eine äussere und eine innere Lage. In der

---

1) Der Blüthenkolben der *Piperaceen* gehört somit zu denjenigen Sprossen, die sich dem Verzweigungsgesetze Hofmeister's (Allg. Morphologie der Gewächse p. 411), das zuerst Pringsheim (Bot. Zeitung 1853 p. 609) angedeutet hat, nicht fügen. Die Zahl solcher Ausnahmefälle jenes Gesetzes ist überhaupt sehr gross (cf. P. Magnus, Beiträge zur Kenntniss der Gattung Najas 1870, p. 27 Anm. und Sachs, Lehrbuch etc. 2. Aufl. 1870, p. 152), vielleicht grösser als die Anzahl der gesetzmässigen Fälle, die darum jedoch keineswegs ganz fehlen (vgl. Rohrbach, Beiträge zur Kenntniss einiger Hydrocharideen 1871 p. 11 ff. 53 ff.). Weder der eine noch der andere Fall darf somit als allgemeines Gesetz oder Regel aufgestellt werden.

äusseren tritt zunächst Spaltung der Zellen d. h. Theilung parallel der Aussenfläche nicht mehr ein, dieselben vermehren sich vielmehr ganz ausschliesslich durch Flächentheilung. Die Zellen der inneren Lage aber strecken sich abermals senkrecht zur Aussenfläche und spalten sich abermals. Und hier nun eilen die mittleren Zellen der Gruppe den äusseren bereits deutlich und entschieden voraus (Taf. 1 Fig. 11, Taf. 2 Fig. 13, Taf. 3 Fig. 9, Taf. 4 Fig. 2, 11).

Die gleiche Theilungsweise setzt sich noch eine Weile fort, die Tochterzellen der inneren Lage vermehren sich durch abwechselnde Spaltung und Flächentheilung, die der äusseren Lage dagegen ausschliesslich durch Flächentheilung. In der auflagernden Epidermis geht indess Hand in Hand damit eine reichliche Flächentheilung. Dadurch dehnt sich die Epidermis aus und vermag so stets als eine einheitliche Oberhaut die hervortretenden Zellenkörper zu bekleiden.

Dieser Zellenkörper, der von aussen als ein halbkugeliger Höcker erscheinen muss, bildet nun die junge Blüthe. In ihm sind alle Gewebetheile einer Vegetations-Spitze bereits differenzirt. Die Epidermis der Kolbenspindel hat sich nur lokal ausgedehnt und ist so zum Dermatogen des Achselsprosses geworden. Jene Gruppe von Periblemzellen aber hat durch die erste Spaltung die beiden inneren differenten Gewebe des Meristem-Körpers gebildet. Die äussere Lage bildet fortan das Periblem, die innere Lage dagegen das Plerom, in dem eine einzige bestimmte Theilungsweise nicht ausschliesslich vorherrscht.

Diese letztere Differenzirung in Plerom und Periblem lässt sich von nun an auf dem Scheitel des Blüthen-Meristemes stets deutlich erkennen. Stets zieht sich unter dem Dermatogen eine deutliche einfache Zellenlage, das Periblem, hin. Doch schon sehr nahe am Vegetations-Scheitel wird diese Differenzirung undeutlich. Eine spätere Differenzirung des Stengeltheiles der Blüthe in Rinde und centralen Gewebekörper kann ja bei den völlig sitzenden Blüthen nicht wohl stattfinden. So lässt sich auch schon erwarten, dass die Differenzirung in Plerom und Periblem nicht von langer Dauer sein wird. Dazu kommt auch noch, dass unmittelbar am Vegetations-Scheitel die Phyllome der Blüthe hervortreten. Auch dies muss natürlich die Grenze von Plerom und Periblem rasch verwischen. Im Scheitel des Vegetationspunctes aber lässt sich dieselbe stets deutlich erkennen.

Entwicklung der Blüthe von Peperomia.

(Taf. 1 und 2 Fig. 1—10.)

Bis hierher stimmt der Entwicklungsgang der Blüthen bei allen untersuchten Formen überein. Von nun an entwickeln sich die einzelnen Blüthen in verschiedener Weise.

Betrachten wir hier zunächst ausführlicher die Entwicklung der Blüthe von *Peperomia* und zwar speciell *P. ionophylla* Grs., die ja schon oben als Beispiel gedient hat.

Verfolgt man einen tangentialen Längsschnitt eines noch sehr jungen Blüthenkolbens von der Spitze an abwärts, so lassen sich alle Veränderungen in der jungen Blüthenanlage auf das Bequemste beobachten. Zuerst erscheint in der Achsel des Deckblattes ein kleiner, halbkugeliger Höcker. Dann dehnt sich dieser Höcker in die Breite aus, sein Grundriss wird elliptisch. Dann treten auf beiden Seiten desselben schräg nach vorne zwei kleine Höcker hervor (Taf. 2 Fig. 6), die sich rasch zu kleinen cylindrischen Zäpfchen verlängern (Fig. 7). Diese Zäpfchen strecken sich in die Länge und zeigen bald eine deutliche Differenzirung in einen äusseren dicker angeschwollenen und in einen unteren kurzen und dünneren Theil: die junge Staubblattanlage differenzirt sich in Staubbeutel und Staubfaden (Fig. 8). In dem ersteren entstehen dann zwei Staubfächer.

Unterdessen blieb der kleine flache Höcker in der Mitte der beiden hervortretenden Zäpfchen, der Vegetationspunkt des Blüthensprosses, lange Zeit fast unthätig. Dann erhebt sich allmählich rings um den Vegetationsscheitel selbst ein immer deutlicher hervortretender Ringwall (Taf. 2 Fig. 8), der anfangs nach allen Seiten fast gleich hoch erscheint. Dieser Ringwall wächst ziemlich rasch zu beträchtlicher Höhe heran und schliesst bald nach oben zusammen, in seinem Inneren eine enge Höhlung zurücklassend, auf deren Grund der Scheitel des Vegetations-Punktes noch unverändert bleibt. Zugleich tritt immer deutlicher eine Ungleichheit der verschiedenen Seiten dieses Ringwalles hervor, die hintere Seite überragt die vordere mehr und mehr und bildet sich schliesslich zu einer langen Spitze aus, die von dem zusammenschliessenden oberen Rande des Ringwalles nach hinten sich erstreckt (Taf. 2 Fig. 9). Der Fruchtknoten wird somit, um mit dem Ausdruck der beschreibenden Systematik zu reden, ovoideum, apice attenuatum.

Aus dem Grunde der Fruchtknotenhöhle aber erhebt sich nun ganz genau central ein kegelförmiger Höcker, der in raschem Wachsthum bald eine eiförmige Gestalt annimmt: der Kern der Samenknospe. Von unten nach oben umwächst eine ringförmige Hülle, das einzige Integument, den Knospenkern und schliesst oben bis auf eine enge Oeffnung fest zusammen (Taf. 2 Fig. 10).

Auf der Vorderseite jener kleinen Oeffnung aber, welche der zusammenschliessende obere Rand des Fruchtknotens noch frei gelassen hat, tritt nun ein dichter Strauss von Narbenpapillen hervor. —

Damit hat die Blüthe ihre vollkommene Ausbildung gewonnen. Ihre fertige Gestalt (Taf. 2 Fig. 9 und 10) lässt sich also kurz beschreiben mit den Worten: Staubblätter 2, diagonal[1]) nach vorne gestellt; Staubbeutel zweifächerig; Fruchtknoten sitzend, eiförmig, nach hinten in eine Spitze ausgezogen, vorne mit einer sitzenden Narbe versehen; Samenknospe aufrecht, in der Basis des Fruchtknotens aufsitzend; Integument einfach. —

Wie aber lassen sich alle diese Vorgänge »als Resultate der an den einzelnen Zellen vor sich gehenden Veränderungen erklären«?[2])

Um diese Frage sicher beantworten zu können, muss man stets über die Orientirung der beobachteten Zellenmasse völlig sicher sein. Eine solche Sicherheit aber ist nur möglich bei dem medianen Längsschnitt der Blüthe, der zugleich durch die Mediane des Deckblattes geht. Alle anderen Schnitte können niemals eine zweifellose Sicherheit gewähren. So lassen sich denn auch die Vorgänge im Zellgewebe des Blüthen-Meristems bei der Anlage der Phyllome nur dann unzweifelhaft ermitteln, wenn diese Phyllome median gestellt sind. Das ist aber hier bei den beiden diagonal nach vorne gestellten Staubblättern nicht der Fall.

Gleichwohl aber glaube ich mit Bestimmtheit behaupten zu können, dass die erste Anlage des Staubblattes in nichts von der Bildungsweise der Staubblätter abweicht, die bei *Enckea, Artanthe* etc. (vergl. unten) die regelmässige ist. Auch hier wird durch lokale Wucherung einer Gruppe von Periblem-Zellen die Epidermis aufgetrieben und zu reich-

---

1) Vgl. Sachs, Lehrbuch etc. p. 493.

2) Schleiden, Grundzüge der wissenschaftlichen Botanik. 3. Auflage 1849. p. 148.

licher Flächentheilung veranlasst. Dadurch erhebt sich über die Aussenfläche des kleinen Blüthenhöckers jederseits ein kleines Zäpfchen, die erste Anlage des Staubblattes. Durch wiederholte Streckung der Zellen in der Längsrichtung dieses Zäpfchens und Theilung senkrecht dazu nimmt die Grösse dieses Zäpfchens allmählich zu. Bald aber beginnt im äusseren Theile desselben neben der fortdauernden Fächerung der einzelnen Zellreihen immer reichlicher Spaltung dieser Zellreihen einzutreten. Dadurch dehnt sich die äussere obere Hälfte bedeutend in die Dicke aus und setzt sich immer schärfer gegen die sehr kurze untere Hälfte ab.

Allmählich wird in diesem äusseren Theile die Zelltheilung noch unregelmässiger, ja endlich verschwindet jede bestimmte Ordnung ausser in einer einfachen Zellenlage, die unmittelbar unter der Epidermis verläuft, sowie in einer Zellenwand, welche in der Median-Ebene des Staubblattes den ganzen äusseren Zapfentheil durchsetzt. Dadurch entstehen zwei ganz unregelmässige Zellenmassen von eiförmiger Gestalt, deren längste Ausdehnung von der Oberseite der Staubblattanlage zur Unterseite sich erstreckt, also senkrecht auf der Blattfläche steht. Diese Zellenmassen entwickeln sich zum Pollen, jene Zellenlage unterhalb der Epidermis aber, sowie jene Zellenwand in der Mediane des Staubblattes bilden sich um zur Wandung der beiden Staubfächer. Der äussere Zapfentheil wird somit zum zweifächerigen Staubbeutel, dessen Fächer jedoch nicht parallel der Längsrichtung des Filamentes, sondern senkrecht dazu und zugleich senkrecht zur Blattfläche gestellt sind.

Gleichzeitig wird auch jener untere Theil des Zäpfchens durch fortgesetzte Reihentheilung seiner Zellen mehr und mehr in die Länge gestreckt und zu einem kurzen Stiel des Staubbeutels, einem kurzen Filamente, ausgebildet. Doch beginnt diese Streckung erst, wenn der äussere Theil, der Staubbeutel, bereits weit vorgeschritten ist in der Anlage der Pollen-Mutterzellen, so dass auch hier, wie ja in den meisten Fällen der Angiospermen, der bereits deutlich differenzirte Staubbeutel zuerst fast sitzend erscheint, erst später scheinbar das Filament desselben nachwächst.

In dem Gewebe dieses unteren Staubblatttheiles, des Filamentes, tritt unterdess, und zwar schon ziemlich früh, eine innere Differenzirung ein, es bildet sich ein Procambium-Strang in demselben aus. Wie im vorigen Abschnitte dargethan, verläuft jeder Blattspurstrang des Deckblattes von der Ansatzstelle desselben quer durch die Kolbenspindel hindurch nach dem nächsten stammeigenen Strange hin, um fast unter rechtem Winkel an diesen anzusetzen. Mit diesem Blattspurstrang tritt nun das Fibrovasalsystem der Blüthe in Verbindung und zwar folgendermassen (Taf. 2 Fig. 10). Zur Zeit, wenn eben die Differenzirung des Staubblattes in einen äusseren und inneren Theil beginnt, diffenzirt sich eine Zellreihe, die von der Mitte des Blattspurstranges, soweit derselbe der Kolbenspindel angehört, nach dem Vegetationspuncte der Blüthe hin sich erstreckt, durch wiederholte Längstheilung der Zellen zu einem Procambium-Strang, dessen Bildung auch hier von unten nach oben fortschreitet. Kurz unterhalb des Vegetationspunktes hört diese Längstheilung plötzlich auf und ergreift nun zwei Zellenreihen fast gleichzeitig, die von diesem Punkte aus in die jungen Staubblattzäpfchen hinein bis unmittelbar an die Staubbeutel sich erstrecken, und verwandelt auch hier diese Zellreihen zu Procambium-Strängen. Das ganze Fibrovasalsystem, das aus diesen Procambium-Strängen hervorgeht, entsteht demnach durch einen einzelnen Strang mit »Spitzenwachsthum, der sich in zwei ebenfalls an der Spitze fortwachsende Stränge gabelt.« — —

Von diesem ganzen Entwicklungsgang der Staubblätter lässt der mediane Längsschnitt der Blüthe nichts erkennen. Er zeigt stets, auch wenn die beiden Staubblattanlagen bereits zu kleinen Zäpfchen sich entwickelt haben, denselben einfachen Bau des Meristemes, wie er oben dargethan wurde. Unter der einfachen Epidermis umhüllt stets eine einfache Periblem-Lage das wenigzellige Plerom (Taf. 1 Fig. 11). In dem letzteren wechseln Spaltung und Reihentheilung der Zellen in unregelmässiger Weise ab, im Periblem dagegen tritt nur Flächentheilung auf. Doch ist die gesammte Thätigkeit hier ausserordentlich gering, während die jungen Staubblattanlagen sich rasch entwickeln.

Schliesslich tritt auch hier im Vegetationspunkt der Blüthe neue Thätigkeit auf. In einzelnen Zellen des Periblems, dessen Zellenmasse bisher nur durch Flächentheilung sich vermehrte, tritt Spaltung ein. Ein Kranz von Periblem-Zellen zunächst dem Vegetations-Scheitel streckt sich senkrecht zur Aussenfläche und theilt sich dieser parallel (Taf. 1 Fig. 12). Welche Zellen dieses Ringes den übrigen vorauseilen und zuerst sich theilen, darüber lässt sich jedoch eine allgemein gültige Regel nicht aufstellen, vielmehr tritt diese Neubildung durchaus unregelmässig und ziemlich gleichzeitig in allen Zellen jenes Ringes auf. So wird mithin jener Ringwall der Fruchtknotenwandung auch bei seiner allerersten Bildung überall fast gleichzeitig am Vegetationspunkte sichtbar.

Vor der ebengenannten Spaltung der Periblemzellen aber wird auf dem medianen Längsschnitt niemals irgend eine Zelltheilung ausser Flächentheilung im Periblem sichtbar. In der Medianebene der Blüthe ist mithin die erste Neubildung des Periblems die Fruchtknotenwandung. In der Mitte jenes Ringes von Periblem-Zellen, auf dem Scheitel des Vegetationspunktes selbst aber bleiben stets noch einige, meist 2—3 Periblem-Zellen unverändert, die sich auch fernerhin nur durch Flächentheilung vermehren (Taf. 1 Fig. 12 a, 13 a).

Durch dieses Wachsthum der Zellen jenes Periblem-Ringes wird nun die auflagernde Epidermis aufgetrieben und zu reichlicher Flächentheilung veranlasst. In den Zellen jenes Ringes aber wechselt Reihentheilung anfangs mit Allwärtstheilung ab, bis endlich die Reihentheilung bedeutend das Uebergewicht erlangt. So erhebt sich um den Vegetationscheitel herum ein stets höher aufsteigender Ringwall (Taf. 2 Fig. 1 und 2). Bald aber zeigt dieser Ringwall auf den verschiedenen Seiten der Blüthe eine verschiedene Ausbildung. Während derselbe nämlich auf der vorderen Seite der Blüthe meist 3—4 Zellen stark ist, bleibt er auf der hinteren Seite stets nur 2—3 Zellenlagen dick und ersetzt hier durch schnelles Wachsthum in die Höhe das stärkere Dickenwachsthum der vorderen Seite. So ragt bald die hintere Seite des Walles beträchtlich über die vordere empor und zieht sich mehr und mehr in eine weit hervortretende Spitze aus.

Auf dieser Entwicklungsstufe des Fruchtknotens beginnt die Bildung der Fibrovasal-Stränge. Von jenem Gabelpunkte der beiden Staubblattstränge aus entwickelt sich ein Procambiumstrang erst direkt nach dem Vegetationspunkte der Blüthe hin und biegt dann in die vordere Seite der Fruchtknotenwandung ein (Taf. 2 Fig. 1 und 2), um hier genau in der Mediane der Blüthe aufwärts zu verlaufen. Anfangs nur kurz streckt sich dieser Strang, je höher der Fruchtknoten sich erhebt, desto mehr in die Länge, stets in seinem »Spitzenwachsthum« gleichmässig mit dem Wachsthum des Fruchtknotens fortschreitend.

Dieser letztere wölbt sich nach oben, je höher er sich erhebt, desto mehr über dem Vegetations-Scheitel zusammen, wozu besonders ein mehr und mehr zunehmendes Dickenwachsthum des oberen Theiles beiträgt, ein Dickenwachsthum, das dabei wieder auf der vorderen Seite der Blüthe weit beträchtlicher ist als auf der hinteren Seite. —

Bisher war in der Mitte des jungen Fruchtknotens der eigentliche Sprossscheitel ganz unthätig geblieben. Nur wenige Flächentheilungen in der Epidermis und im Periblem und entsprechende unregelmässige Theilungen im Plerom erbreiterten die kleine Scheitelfläche. Nun ändert sich dies Verhältniss. Die Zellen des Periblemes ebensowohl, als auch die obersten Zellen des Pleroms strecken sich senkrecht zur Scheitelfläche und theilen sich derselben parallel (Taf. 2 Fig. 2 und 3). In beiden Geweben wiederholt sich dieser Vorgang dann rasch, am schnellsten aber in den Zellen, die grade die Mitte jener kleinen Scheitelfläche einnehmen. Die Epidermis, durch die Streckung der inneren Zellen aufgetrieben, vergrössert ihre Fläche durch reichliche Flächentheilung. Dadurch erhebt sich also hier auf dem Scheitel des Vegetations-Punktes ein ziemlich hoher Kegel, in dessen Innerem jedoch die alte Differenzirung der Vegetations-Spitze in Periblem und Plerom ein Ende erreicht hat. Beide Gewebe tragen, wie schon bemerkt, zur Bildung der Masse jenes Höckers bei, ihre bisherige scharfe Sonderung aber geht dabei völlig verloren, eine neue Sonderung aber tritt nicht ein. So unterscheidet sich denn dieser neugebildete Höcker von dem normalen Vegetations-Kegel nur durch den Mangel der inneren Differenzirung, die in dem letzteren regelmässig vorhanden ist. Gleichwohl aber möchte ich kein Bedenken tragen, diesen Höcker für die Vegetations-Spitze selbst zu erklären, die sich nach der Anlage eines Phyllom-Kreises zu neuer Thätigkeit wieder erhebt.

Dass aber dennoch dieser Höcker nicht mehr gleichwerthig dem normalen Vegetations-Kegel ist, dass diese Spitze des Blüthensprosses im Begriff ist, durch Metamorphose ein neues Gebilde zu erzeugen, darauf deutet schon das Verschwinden der inneren Differenzirung, das zeigt vollständig deutlich die weitere Entwicklung. Keineswegs nämlich lässt dieser Höcker jetzt wie ein normaler Vegetations-Kegel Phyllome seitlich aus sich hervorsprossen, im Gegentheil, der Höcker selbst wird zur Samenknospe.

Dies letztere geschieht nun in folgender Weise.

In raschem Wachsthum erhebt sich jener Höcker zu einem steilen Kegel, indem die Zellen desselben sich reichlich durch Reihentheilung und Spaltung einzelner Reihen vermehren (Taf. 2 Fig. 4). Sehr bald tritt dann diese Vermehrung der Zellen im oberen Theile des Kegels mehr zurück als im unteren. Statt dessen aber tritt hier in dem oberen Theile immer deutlicher eine einzelne Zelle hervor (Taf. 2 Fig. 5e), die bald alle ihre Schwesterzellen an Grösse übertrifft. Anfangs völlig gleichwerthig den umgebenden Zellen, drängt sie bald alle anderen zur Seite und erscheint schliesslich nach aussen nur von der Epidermis und einer einfachen Zellenlage umhüllt. Diese Zelle wird zum Embryosack.

Zur Zeit etwa, wenn zuerst diese Embryosack-Zelle in der Masse der übrigen Zellen sichtbar wird, beginnt eine neue Thätigkeit in dem Gewebe, das bisher noch stets ohne Veränderung geblieben war, in der Epidermis. Etwa in der halben Höhe des Kegels, nur wenig tiefer als die stets deutlicher hervortretende Embryosack-Zelle, beginnt ein Ring von Epidermis-Zellen sich über die Oberfläche des Kegels hervorzustülpen (Taf. 2 Fig. 4). Auf dem Längsschnitt sind es jederseits zwei Zellen, die sich gemeinsam hervorstülpen und abschnüren. Die abgeschnürten Zellen strecken sich wieder und theilen sich abermals, und so wiederholt sich derselbe Vorgang noch oftmals. Dadurch entsteht eine ringförmige Falte der Epidermis, durchweg zwei Zellen stark. Zugleich ist die untere Zellenlage in der Entwicklung der oberen stets voraus und bewirkt so, dass die ganze ringförmige Hautfalte nach oben sich wendet und mehr und mehr über die Spitze des Knospenkernes sich zusammenneigt (Taf. 2 Fig. 5). Diese Epidermis-Falte aber ist nichts anderes als das einzige Integument, das bei *Peperomia* den Knospenkern umhüllt.

Gleichzeitig mit dem Integumente schreitet auch der Knospenkern selbst in seiner Entwicklung rasch vorwärts. Der Theil jenes steilen Kegels, der oberhalb der Insertion des Integuments gelegen ist, wächst beträchtlich sowohl in die Länge als auch in die Dicke. Zur Ausdehnung in der letzteren Richtung trägt besonders die stets an Grösse zunehmende Embryosack-Zelle bei, nicht minder aber auch die Zellen jener einfachen Zellenlage zwischen Embryosack und Epidermis (Taf. 2 Fig. 5). Diese letzteren spalten sich nämlich mehrmals und bilden so um den Embryosack eine regelmässige, 4 Zellen starke Lage radial angeordneter Zellen. Die Ausdehnung des Knospenkernes in die Länge aber bewirkt besonders der Theil des Kerngewebes, der unterhalb des Embryosackes gelegen ist. Hier vermehren sich die Zellen bedeutend durch Allwärtstheilung und bewirken so eine beträchtliche Vergrösserung dieses unteren Theiles, der Embryosack aber, der anfangs fast central im Knospenkern lag, rückt dadurch mehr und mehr in den oberen Theil des letzteren.

Unterdessen hat auch in dem unteren Theile des ursprünglichen Kegels unterhalb der Insertion des Integumentes ein beträchtliches Wachsthum der Zellen stattgefunden, das jedoch weit mehr eine Längsstreckung dieses Theiles als eine Dickenzunahme desselben bewirkte. So entstand hier ein kurzer Stiel der Samenknospe, ein kurzer grader Funiculus. In diesen Funiculus hinein »wächst« dann ein Procambium-Strang bis zur Höhe der Insertion des Integumentes (Taf. 2 Fig. 10). Und zwar setzt derselbe nach unten an den Punkt des oben genannten Fruchtknotenstranges an, da dieser von seiner Richtung grade nach der Vegetations-Spitze hin abbiegt in die Fruchtknotenwandung hinein. Auch dieser Procambiumstrang wird allmählich zu einem echten Fibrovasal-Strang, dessen Zellen jedoch bei der geringen Dehnung, der diese Gewebetheile fernerhin noch unterworfen sind, sämmtlich sehr kurz bleiben.

Werfen wir nun noch einen Blick auf die fertige Gestalt des Fruchtknotens zur Zeit der Geschlechtsreife (Taf. 2 Fig. 10).

Die Wandung des Fruchtknotens hat sich entsprechend dem Dickenwachsthum der Samenknospe mehr und mehr ausgedehnt, die Fruchtknotenhöhle ist bedeutend weiter geworden. Zugleich hat die Wandung selbst beträchtlich in die Dicke zugenommen, vor allem auf der vorderen Seite der Blüthe. Die hintere Seite dagegen hat, wie von Anfang an, so auch fernerhin bedeutend mehr sich in die Länge gestreckt und ragt nun als eine lang ausgezogene Spitze hervor. Doch auch hier ist Dickenzunahme keineswegs ausgeblieben, namentlich in der Mitte dieser hinteren Seite, die nun mit dem oberen dicken Rande der vorderen, rechten und linken Seite so dicht zusammenschliesst, dass nur noch ein sehr enger Gang in die Fruchtknotenhöhlung hineinführt, ein Gang, dessen Oberhautzellen durch reichliche Sekretion zu einem »leitenden Gewebe« sich ausgebildet haben. Am äusseren Ende dieses Ganges, auf der vorderen Seite der Blüthe haben sich die Zellen der Epidermis in Gestalt kurzer dicker Haare hervorgestülpt und bilden so hier einen dichten Busch von Narbenpapillen. Die Narbe ist somit vollständig sitzend. — In der Wandung des Fruchtknotens selbst endigt jener Fibrovasalstrang des Fruchtknotens, der stets gleichmässig mit dem Wachsthum desselben sich vergrösserte, nunmehr kurz unterhalb der Narbe blind. Kurz vorher aber gibt er nach beiden Seiten je einen Ast ab, die im Inneren des oberen Fruchtknotenrandes verlaufend auf der hinteren Seite wieder zusammenschliessen und hier dann vereint noch eine Strecke in die lang ausgezogene Spitze hinein verlaufen.

In der Höhlung dieses Fruchtknotens sitzt genau in der Mitte der Grundfläche die aufrechte Samenknospe von regelmässig eiförmiger Gestalt, von einem einzigen Integument umhüllt. Das letztere, in seinem unteren Theil stets nur zwei Zellenlagen stark, wird auf der Spitze des Knospenkernes durch Spaltung der äusseren Lage drei Zellen stark und bildet dadurch eine kurze enge Mikropyle. Im Inneren des Knospenkernes aber hat der sehr grosse Embryosack nunmehr seine Geschlechtsreife erlangt.

Damit hat die Blüthe selbst ihre volle Ausbildung erreicht. Mit wenigen Worten aber bedarf es hier noch eines Blickes auf die Veränderungen, die inzwischen an der Kolbenspindel vorgegangen sind. Sobald sich die Blüthe ihrer vollständigen Ausbildung nähert, beginnt die Kolbenspindel plötzlich bedeutend sich in die Länge zu strecken, eine Streckung, die deutlich von unten nach oben am Kolben fortschreitet. Dadurch werden die einzelnen Blüthen, die bisher fast dicht gedrängt die Kolbenspindel umstanden, weiter aus einander gerückt. Doch bald setzen die bereits verholzenden Fibrovasal-Stränge der ferneren Längsstreckung ein Ziel. Sie sind es auch, die eine gleichmässige Streckung der ganzen Kolbenspindel unmöglich machen, die durch ihr Zusammenhalten ein Auseinanderrücken der einzelnen Blüthe und ihres Tragblattes verhindern, während die weniger enge untereinander verbundenen Blüthen weiter auseinander gerückt werden. Dieser so beschränkten Längsstreckung folgt eine Ausdehnung der Kolbenspindel in die Dicke. Aber auch hier setzen die verholzten Fibrovasal-Stränge nur zu bald ein Ziel. Zwischen denselben freilich schwillt die Kolbenspindel beträchtlich auf, die Blätter und Blüthen dagegen, die durch Fibrovasal-Stränge mit dem centralen Strangsystem in Verbindung stehen, werden durch diese festgehalten und kommen so allmählich in einzelne Vertiefungen der Kolbenoberfläche zu stehen. So vor allem die einzelnen Blüthen, die hier gleichsam in kleine Gruben eingesenkt erscheinen, nicht minder aber auch die Tragblätter, die hier ebenfalls in kleine gesonderte Gruben eingesenkt sind (Taf. 2 Fig. 10).

Mit der obigen Darstellung des Entwicklungsganges der Blüthen von *Peperomia ionophylla* stimmen nun sämmtliche untersuchten Species, deren Zahl an 30 beträgt, im allgemeinen wohl überein. Wenn auch häufig aus Mangel an dem erforderlichen Materiale die ganze Entwicklung nicht bis ins einzelne genau verfolgt werden konnte, so liess sich doch an allen beobachteten Species mit Sicherheit feststellen, dass die Abweichungen von dem Entwicklungsgange der *Pep. ionophylla* keine so scharf begrenzten oder so durchgreifenden sind, dass durch dieselben eine generische Verschiedenheit der verschiedenen Formen begründet würde. Im Gegentheil, die zahlreichen Mittelformen, welche die unter einander oft recht verschiedenen extremen Formen verbinden, lassen Miquel's Verfahren durchaus gerechtfertigt erscheinen, da er die früher von ihm aufgestellten Gattungen *Acrocarpidium* und *Erasmia* wieder mit *Peperomia* zu einem Genus vereinigte[1]).

Die meisten Abweichungen von der obigen Darstellung bietet die Gestalt des entwickelten Fruchtknotens. Schon bei *P. ionophylla* fand sich die hintere Seite desselben in eine lange Spitze ausgezogen. Bei einzelnen Species wird diese Spitze verhältnissmässig noch weit länger *(P. stenocarpa Rgl., incana Dietr.)*. Bei anderen nimmt die Länge derselben mehr und mehr ab; endlich schwindet dieselbe ganz *(P. Luschnathiana h. berol.)*. Ja bei einzelnen Species überragt sogar der vordere Rand den hinteren bedeutend *(P. pellucida H. B. K., valantoides Miq.)*. Bei einzelnen Arten ist der Fruchtknoten wie bei *P. ionophylla* eiförmig, bei anderen kantig, mehr oder weniger durch partielle Verdickung der Wandung unregelmässig *(P. incana Dietr.)*. Häufig ist derselbe von oben abgeplattet, ja bisweilen springt sogar der Rand dieser abgeplatteten Fläche als deutliche Kante vor *(P. glabella Dietr.)*. Kurzum, in der Gestalt des Fruchtknotens zeigen sich die mannigfaltigsten Verschiedenheiten, die bei der Entwicklung desselben zur

---

1) Miquel, De Piperaceis Novae Hollandiae p. 3.

Frucht nur noch grösser werden und so ein treffliches Hülfsmittel für die systematische Unterscheidung der Arten an die Hand geben.

In dem allgemeinen Gange der Entwicklung aber stimmen alle untersuchten Formen überein. Die Anzahl, Gestalt und Ausbildung der Staubblätter ist bei allen Arten ganz dieselbe. Bei allen entsteht der Fruchtknoten als ein einfacher Ringwall unmittelbar unterhalb des Vegetations-Scheitels; bei allen entsteht die Narbe auf der vorderen Seite der Blüthe; bei allen endlich verläuft der einzige Fibrovasalstrang ebenfalls auf dieser Seite bis unmittelbar unter die Narbe und umschliesst hier in Gestalt eines Ringes die obere Oeffnung des Fruchtknotens. Ganz übereinstimmend bei allen *Peperomien* ist ferner die Anlage und Ausbildung der Samenknospe, die überall genau central in der Mitte der Fruchtknotenhöhlung hervorsprosst. Ebenso lässt sich auch bei allen Species die Entstehung des einzigen Integumentes aus der Oberhaut deutlich nachweisen. Die Dicke dieses Integumentes ist zwar bei verschiedenen Arten eine verschiedene, zumal auf der Spitze des Knospenkernes, sein Ursprung aber ist stets unzweifelhaft die Epidermis.

Um so mannigfaltiger aber ist die Gestalt der Kolbenspindel zur Blüthezeit. Schon die mehr oder minder bedeutende Streckung derselben bei verschiedenen Arten, wodurch die einzelnen Blüthen mehr oder weniger weit von einander entfernt werden, verändert den Habitus des ganzen Blüthenstandes bedeutend. Noch weit mehr Unterschiede aber bietet die mannigfaltig wechselnde Dicke der Kolbenspindel. Bei *P. ionophylla* waren die einzelnen Blüthen sowohl, als auch die einzelnen Tragblätter in einzelne Grübchen der Kolbenoberfläche eingesenkt. Bei anderen Species geht diese Trennung von Tragblatt und Achselblüthe noch weiter, die Grübchen rücken weiter auseinander und werden sogar noch tiefer. Bei anderen Species unterbleibt zwischen Tragblatt und Achselblüthe die Anschwellung der Kolbenspindel, beide werden daher in eine gemeinsame mehr oder minder tiefe Grube eingesenkt. Ja bisweilen wird die Grube so tief oder vielmehr die schwammige Anschwellung zwischen den Blüthen so hoch, dass die Blüthen selbst tief eingesenkt erscheinen, ja sogar durch ein dichtes Haargeflecht, das auf der Höhe der Anschwellung hervorsprosst, fast ganz verdeckt werden *(P. valantoides)*. Bei anderen Arten dagegen bleibt die Anschwellung der Kolbenspindel sehr schwach oder unterbleibt selbst gänzlich. Wo aber immer jene

Anschwellung auftritt, da ist dieselbe auf eine massenhafte Wucherung des Rindenparenchyms zurückzuführen, die fast stets von dem Auftreten zahlreicher mehr oder minder weiter Luftlücken begleitet ist.

Werth der Blüthentheile.

Schliessen wir nun zunächst an die Darstellung des Entwicklungsganges der Blüthe von *Peperomia* einige Worte über den morphologischen Werth der einzelnen Blüthentheile.

Die Blüthe besteht, wie wir gesehen, aus zwei Staubgefässen und einem Fruchtknoten mit einer einzigen aufrechten Samenknospe. Von einem Perigon ist keine Spur vorhanden. Die allerersten Neubildungen, die aus der Masse des Blüthenmeristemes hervorsprossen, sind vielmehr die beiden diagonal nach vorne gestellten Staubblätter. Nicht der geringste Höcker tritt vor der Anlage dieser beiden Stamina an dem jungen Blüthenmeristem hervor, der als Perigon gedeutet werden könnte. Ebensowenig aber tritt im Inneren dieses Meristemes irgend eine Neubidung des Zellgewebes auf, die auf die Anlage seitlicher Ausgliederungen hindeutete. Die allererste Neubildung im Periblem erfolgt vielmehr erst bei der Anlage der beiden diagonal gestellten Stamina, in der Medianebene der Blüthe aber erst bei der Anlage der Fruchtknotenwandung. Daran lässt der mediane Blüthenlängsschnitt keinen Zweifel. Die genaueste Beobachtung der einzelnen Vorgänge im Inneren des Zellgewebes stellt somit zweifellos fest, dass die ganze Blüthe ausschliesslich aus den beiden Staubgefässen und dem Fruchtknoten besteht, von irgend einem anderen Blüthentheile aber, der zwar angelegt würde, aber nicht zur Ausbildung käme, nicht die Rede sein kann.

Ueber den morphologischen Werth dieser beiden Staubblätter kann nun wohl ein Zweifel durchaus nicht bestehen. Ihr ganzes Verhältniss zur Blüthenachse weist ihnen unzweifelhaft den Werth von Phyllomen zu [1]).

1) Sachs bespricht in seinem Lehrbuch etc. 2. Aufl. p. 444 die Frage nach dem morphologischen Werthe des Staubbeutels. Er betrachtet das Filament sammt dem Connektiv als das eigentliche Blatt, die beiden Antherenhälften aber als Anhängsel desselben. Dieser Ansicht gegenüber bespricht er auch die von Cassini und Roeper aufgestellte, wonach jede Antherenhälfte eine »angeschwol-

Weniger einfach ist die Frage nach dem morphologischen Werthe des Fruchtknotens. Auf dem Vegetations-Kegel, rings um den Scheitel desselben erhebt sich ein Ringwall, eine Bildung des Periblems. Dieser Ringwall erscheint als eine seitliche Ausbreitung der tragenden Blüthenachse, als ein unselbstständiger höriger Theil des ganzen Blüthensprosses[1]). Es darf ihm also wohl ohne Bedenken phyllomatische Bedeutung zugeschrieben werden. Aus wie viel Phyllomen aber setzt sich hier die Fruchtknotenwandung zusammen?

Das leichteste und einfachste Mittel zur Beantwortung dieser Frage würden vergrünte Blüthen darbieten, in denen der geschlossene Fruchtknoten sich in seine einzelnen vergrünten Carpidien aufgelöst hat. Nur Schade, dass dieser indirekte Weg zur Bestimmung der Carpidien-Zahl ganz dem Zufall unterworfen ist, der bald solche Bildungen unversehens in den Schoss wirft z. B. von *Cruciferen*, bald vorenthält, wie mir hier bei *Peperomia*.

Zur direkten Bestimmung der Anzahl der Carpidien hat man verschiedene Wege eingeschlagen. Der einfachste und allein berechtigte Weg, die direkte Beobachtung der Entwicklungsgeschichte, ist hier erfolglos, da gleich beim ersten Entstehen der Fruchtknoten als

---

lene« Seitenhälfte der Staubblatt-Lamina darstellt, das Connexiv aber die Mittelrippe. »Uebrigens« sei »die morphologische Bedeutung der einzelnen Theile des Staubblattes noch nicht ganz sicher gestellt, da es an genaueren entwicklungsgeschichtlichen Studien in dieser Richtung fehlt.« — Und doch sind ja Stamina und Laubblätter nichts anderes als Phyllome, die zu verschiedenen physiologischen Zwecken verschieden ausgestaltet, differenzirt sind; keineswegs aber sind die Stamina metamorphosirte Laubblätter. Stamina und Laubblätter sind nur äquivalent in ihrem Verhältniss zum ganzen Spross, zur tragenden Achse. Wo dies Verhältniss nicht in Betracht kommt, da kann auch von morphologischer Aequivalenz nicht mehr die Rede sein. Dieser Fall tritt aber doch sicher dann ein, wenn einzelne Theile beider Blattarten mit einander verglichen werden. Was für einen Sinn hat dann die Frage nach dem morphologischen Werthe des Staubbeutels?! — Entsteht aber gar das Stamen, wie es ja mehrfach geschieht, durch Metamorphose der Sprossspitze, welche morphologische Bedeutung will man dann den einzelnen Theilen desselben zuschreiben?!

1) Vgl. Hanstein, die Entwicklung des Keimes der Monokotylen und Dikotylen. Bonn 1870 p. 92.

ein gleich hoher Ringwall erscheint und auch die ersten Zelltheilungen kein bestimmtes Resultat ergeben. Darnach kann der Fruchtknoten ebensowohl ein einziges keulenförmiges Phyllom ohne differenzirte Mediane sein, als eine Verbindung mehrerer Carpidien. — Man hat zwar auch nach der Anzahl der Haupt-Fibrovasalstränge oder nach der der Narben die Anzahl der Carpidien zu bestimmen gesucht. Doch reichen diese beiden Merkmale niemals zu einer bestimmten zweifellosen Entscheidung der Frage aus. Denn wenn auch in den allermeisten Fällen einem einzelnen Carpidium nur ein medianer Hauptnerv und eine einzige Narbe zukommt, so fehlt es doch keineswegs an Fällen, wo dies nicht des Fall ist. Mittelnerv und Narbe sind zudem auch keineswegs wesentliche Merkmale eines Carpidiums, deren Abwesenheit die Deutung eines bestimmten Phyllomes als Carpidium nicht erlaubte. Aus unwesentlichen Merkmalen eines Begriffes lässt sich aber niemals mit Sicherheit auf den Begriff selbst ein Schluss ziehen. Beide Merkmale sind desshalb für sich allein durchaus unzureichend zur gültigen Beantwortung der vorliegenden Frage, obwohl sie zu Vermuthungen und Hypothesen wohl Anlass geben können.

Nur als eine Vermuthung, gegründet auf die Zahl und Stellung der Narbe und des Fibrovasalstranges, möchte ich deshalb auch die Ansicht aussprechen, dass bei *Peperomia* der Fruchtknoten gebildet werde durch ein einzelnes stengelumfassendes Carpidium, dessen Mediane an der Blüthe median nach vorne gerichtet ist.

Zur Stütze dieser Vermuthung über die Zahl der Carpidien aber dient vielleicht die Beschreibung einer monströsen Blüthe, die Miquel[1]) in der Einleitung zur monographischen Bearbeitung der Familie gibt. Er erwähnt dort nämlich einer Blüthe von *Pep. blanda,* »in quo stamen utrimque in ovarium normale non nisi magnitudine paullo minore a vero ovario diversum mutatum vidi«. Ein Staubblatt hat sich hier zu einem normalen Fruchtknoten umgebildet: da liegt der Gedanke nahe, dass auch der Fruchtknoten der regelmässigen Blüthe aus einem einzelnen Phyllom gebildet sei.

Welcher morphologische Werth muss nun der Samenknospe zu-

1) F. A. W. Miquel. Systema Piperacearum (1843—44) p. 24. Leider gibt Miquel hier gar keine Auskunft über die Anwesenheit von Samenknospen in den beiden seitlichen Fruchtknoten.

geschrieben werden? Diese Frage würde sich hier jetzt zunächst anschliessen. Doch soll dieselbe weiter unten am Schlusse der ganzen Darstellung ausführlicher zur Sprache kommen. —

Hier bleibt nur noch übrig auf Grund der obigen Betrachtungen das empirische[1]) Diagramm der *Peperomia*-Blüthe zu entwerfen. In diesem Diagramm finden nur die Zahlen und Stellungsverhältnisse der beobachteten Blüthentheile ihren Ausdruck.

Der thätsächlichen Beobachtung zufolge aber besteht die Blüthe von *Peperomia* aus zwei Staubblättern, die diagonal nach vorne gestellt sind, und einem Fruchtknoten, gebildet durch ein tutenförmiges Phyllom (Taf. 1 Fig. 14). Ob dieses letztere einem einzigen, median und vorne stehenden Carpidium entspricht oder einer Verbindung mehrerer Carpidien, darüber fehlt bis jetzt jede sichere Entscheidung.

Entwicklung der Blüthe von Enckea.

(Taf. 2 Fig. 11—17. Taf. 3 Fig. 1—8.)

Noch weit mehr als die Arten der Gattung *Peperomia* zeigen die Species von *Enckea*, soweit ich beobachten konnte, eine völlige Uebereinstimmung in dem Entwicklungsgang ihrer Blüthen. Der nachfolgenden Darstellung lege ich *E. Amalago* Griseb. zu Grunde, von welcher Species mir das reichlichste Material zur Verfügung stand[2]).

Das erste Stadium der Blüthe, das der Beobachtung nach aussen sichtbar wird, zeigt auch hier bei *Enckea* in der Achsel des Tragblattes einen kleinen fast halbkugeligen Höcker. Sehr schnell aber geht der kreisförmige Umriss desselben in einen quer elliptischen, dann fast nierenförmigen über. Allmählich springen nach beiden Seiten, etwas schräg nach vorne, kleine Höcker hervor, die bald zu kurzen cylindrischen Zäpfchen werden (Taf. 3 Fig. 1). Beide Höcker werden fast gleichzeitig sichtbar, doch lassen zahlreiche Ansichten einer verschieden weit geförderten Gestalt genugsam erkennen, dass von einer absoluten Gleichzeitigkeit in der Anlage beider nicht die Rede sein kann. — Bald nach diesen beiden Zäpfchen, doch merklich später als dieselben,

1) Sachs, Lehrbuch etc. 2. Aufl. p. 495.

2) Aus den bot. Gärten zu Bonn, Berlin, Giessen und Frankfurt (Senkenberg'sches Institut).

tritt auf der hinteren Seite der Blüthenanlage ebenfalls ein kleiner Höcker hervor, der ebenfalls rasch zu einem kleinen Zäpfchen heranwächst (Taf. 3 Fig. 2). Alle drei Zäpfchen sind deutlich auf gleicher Höhe an der Blüthenachse und mit gleichem Abstand von einander inserirt, wenn auch ihr Hervortreten keineswegs ein gleichzeitiges ist. Sie bilden also unzweifelhaft einen echten dreigliedrigen Wirtel, dessen Glieder jedoch succedan hervortreten. Alle drei Zäpfchen werden später zu Staubgefässen.

Bald nach der Anlage des hinteren Staubblattes tritt auf der Vorderseite der Blüthe genau median, etwas oberhalb der Insertion der beiden ältesten Stamina abermals ein kleiner Höcker hervor (Taf. 3 Fig. 3). Ihm folgt nach kurzer Unterbrechung ein zweiter[1]) und diesem dann fast unmittelbar ein dritter Höcker, die seitlich schräg nach hinten an der Blüthe gestellt sind (Taf. 3 Fig. 4). Auch diese drei Höcker nehmen rasch cylindrische Gestalt an und entwickeln sich später zu Staubblättern. Auch diese drei Höcker sind deutlich auf derselben Höhe an der Blüthenachse und in gleichem Abstande von einander inserirt. Die Insertion derselben aber fällt genau oberhalb der Mitte der Zwischenräume, die jene älteren drei Stamina zwischen sich lassen. Die drei letzteren Stamina bilden mithin ebenfalls einen succedanen dreigliedrigen Wirtel, der mit jenem ersteren Wirtel alternirt (Taf. 3 Fig. 4).

Diese sechs Stamina schreiten in ihrer Entwicklung nun mehr und mehr voran, während in der Mitte derselben der flache Vegetationspunkt längere Zeit unthätig bleibt und nur in die Breite sich ausdehnt. Zwischen den beiden dreigliedrigen Wirteln aber kommt auch nicht das geringste Internodium zur Ausbildung. Beide Wirtel erscheinen daher bald als ein einziger sechsgliedriger Wirtel, doch lassen frühere Entwicklungsstadien an ihrer wahren Stellung gar keinen Zweifel (vergl. Taf. 3 Fig. 4 mit Fig. 5 und 8).

Plötzlich treten genau vor den drei äusseren Staubblättern drei kleine Höckerchen durchaus gleichzeitig, unmittelbar unterhalb des Vegetationsscheitels hervor (Taf. 3 Fig. 5). Allmählich erheben sie

---

1) Dieses fünfte Staubblatt steht bald links, wie in Fig. 4 Taf. 3 und dem Diagramme Taf. 1 Fig. 15, bald rechts von der Medianebene der Blüthe.

sich höher, die Ringzone um den Vegetationsscheitel herum, auf der diese Höckerchen aufsitzen, erhebt sich gleichzeitig und wächst ganz gleichmässig immer höher empor. So entsteht rings um den Scheitel der Vegetationsspitze ein Ringwall, dessen obere Kante von drei deutlichen Spitzen gekrönt ist. Allmählich wölbt sich dieser Ringwall nach oben zusammen, der untere Theil baucht sich auf, jene drei Spitzen strecken sich in die Länge zu langen dünnen Zipfeln, auf deren Vorderfläche zahlreiche Narbenpapillen hervorsprossen, und schlagen sich rückwärts auseinander. Der Fruchtknoten hat seine fertige Gestalt gewonnen (Taf. 3 Fig. 6). Innerhalb jenes Ringwalles aber erhebt sich die Vegetationsspitze von neuem zu einem kegelförmigen Zäpfchen, das bald eine eiförmige Gestalt annimmt. Von unten her umwachsen dasselbe zwei Hüllen, die auf seiner Spitze bis auf eine enge Oeffnung zusammenschliessen. So entsteht im Inneren des Fruchtknotens die genau centrale Samenknospe mit ihren beiden Integumenten.

Verfolgen wir nun die Entwicklung der einzelnen Blüthentheile etwas genauer bis auf die einzelnen Veränderungen des Zellgewebes.

Die erste Anlage des Blüthenmeristemes erfolgt ganz dem oben entwickelten allgemeinen Plane gemäss (Taf. 2 Fig. 12, 13). Dadurch entsteht auch hier ein kleiner, halbkugeliger Höcker. Der mediane Blüthenlängsschnitt zeigt auf diesem Entwicklungsstadium ein wenigzelliges Plerom bedeckt von einer einfachen Periblemlage und einer ebenso einfachen Epidermis (Taf. 2 Fig. 13). Dann entstehen seitlich schräg nach vorne die beiden ersten Stamina: der mediane Blüthenlängsschnitt verändert in nichts seine bisherige Gestalt. Erst wenn diese beiden ersten Stamina zu ziemlich ansehnlichen Höckern herangewachsen sind, beginnt auf der hinteren Seite der Blüthe Neubildung im Periblem. Eine Gruppe von Periblemzellen spaltet sich der Oberfläche parallel (Taf. 2 Fig. 14) und beginnt nun sich sehr reichlich zu theilen und zu strecken. Dadurch entsteht ein dicker Zellkörper, der nach aussen als ein kleiner Höcker sichtbar werden muss. — Bald darauf wiederholt sich derselbe Vorgang auch auf der vorderen Seite des medianen Blüthenlängsschnittes. Auch hier entsteht durch Wucherung des Periblems ein kleiner Zellkörper, die erste Anlage des vorderen medianen Staubblattes. Und in derselben Weise geschieht auch die erste Anlage der vier übrigen Staubblätter; bei allen entsteht durch Neubildung des Periblems ein kleiner halbkugeliger Höcker.

Dieser Höcker entwickelt sich weiter zum fertigen Staubblatt. Die Entwicklung geht dabei ganz in derselben Weise vor sich wie oben bei *Peperomia.* Durch stärkeres Dickenwachsthum differenzirt sich ein oberer Theil des Zäpfchens von einem sehr kurzen unteren (Taf. 2 Fig. 15). In diesem oberen beginnt dann in vier Zellkomplexen ganz unregelmässige Zelltheilung, während das umgebende Zellgewebe die regelmässige Gestalt beibehält: 4 Staubfächer differenziren sich so im Inneren des Staubbeutels (vgl. Taf. 3 Fig. 19 von A. recurva). Und zwar liegen diese vier Fächer von ellipsoidischer Gestalt der Längsachse des Staubblattes parallel und zugleich zu je zweien auf jeder Seite der Medianebene, die beiden Fächer eines Paares einander weit mehr genähert als die beiden Paare unter einander. Dann beginnt in dem unteren Theile des Zäpfchens die Differenzirung eines Fibrovasalstranges ganz in derselben Weise wie bei Peperomia (Taf. 2 Fig. 15 pr); und schliesslich streckt sich dieser untere Theil zu einem kurzen Staubfaden, der sich nach oben in den dick anschwellenden, mehr oder weniger vierkantigen Staubbeutel erweitert (Taf. 3 Fig. 6).

In dieser Weise entwickeln sich sämmtliche 6 Staubblätter. Die fertige Gestalt jedoch zeigt die Glieder des äusseren Wirtels beträchtlich länger und dicker als die drei inneren Stamina (Taf. 3 Fig. 6). Auch stehen bei den inneren Staubblättern die Staubfächer weit mehr parallel der Längsachse des Filamentes als bei den äusseren, bei denen dieselben nach unten weit aus einander spreizen. So lässt auch die fertige Gestalt der Stamina die ursprüngliche Anordnung derselben in zwei dreigliedrige Wirtel deutlich erkennen.

Keineswegs aber ist dies auch mit dem Fibrovasalsystem dieses Andröceums der Fall. Ganz in derselben Weise wie bei *Peperomia* entstehen auch hier durch Differenzirung einzelner Zellreihen die Procambiums-Stränge. Etwa von der Mitte des Blattspurstranges der Bractee, soweit derselbe der Kolbenspindel angehört, wächst gegen den Vegetationspunkt der noch sehr jungen Blüthenanlage hin ein kurzer Strang und gabelt sich kurz unterhalb des Vegetationspunktes in zwei Aeste, die in die beiden Staubblätter einbiegen. Von diesem Gabelpunkte aus »sprossen« dann in die vier übrigen Staubblätter ebenfalls einzelne Stränge in derselben Reihenfolge, wie diese Staubblätter nach einander hervortreten. Die sechs Staubblattstränge entspringen somit sämmtlich demselben Punkte und lassen so nicht die geringste Spur von der Anordnung der Stamina in zwei dreigliedrige alternirende Wirtel erkennen. —

Nach der ersten Anlage der Staubblätter im Periblem verharrt die Vegetations-Spitze selbst in der Mitte des inneren Staubblattwirtels eine Zeit lang fast unthätig als eine kleine, nach der Mitte ein wenig vertiefte Fläche. Nur einzelne Flächentheilung im Periblem und der Epidermis mit entsprechender Theilung im Plerom vergrössert allmählich diese Fläche, deren Mittelpunkt als der eigentliche Vegetationsscheitel, als Spitze der Blüthenachse anzusehen ist. Dann, wenn der letzte Staubblatthöcker bereits zu einem deutlichen Zäpfchen herangewachsen, tritt auch in der Vegetations-Fläche wieder Neubildung auf. An drei Stellen, genau vor den drei äusseren Staubblättern, beginnt dieselbe Neubildung im Periblem, die stets die Anlage von Phyllomen einzuleiten pflegt. Einzelne Periblemzellen strecken sich senkrecht zur Oberfläche und theilen sich derselben parallel. Diese Zelltheilung beginnt an jenen drei Stellen fast genau gleichzeitig, greift dann aber sehr schnell um sich und erfasst bald diejenigen Zellen des Periblems, die zwischen den drei Neubildungsheerden eine Verbindung herstellen (Taf. 2 Fig. 15). So entsteht sehr schnell ein geschlossener Ring von wucherndem Periblem, in dessen Mitte im Vegetations-Scheitel selbst eine Gruppe von Periblemzellen übrig bleibt, die an jener Theilung nicht den geringsten Antheil nehmen. Jener wuchernde Periblemring aber treibt die Epidermis auf, die durch reichliche Flächentheilung ihre Ausdehnung vergrössert, und erscheint bald nach aussen als ein Ringwall (Taf. 2 Fig. 16), der von drei Höckern gekrönt ist, entsprechend jenen drei Punkten, an denen die Neubildung im Periblem begonnen und zugleich auch eine grössere Massenentwicklung bewirkt hat.

Aus diesem Periblemringe geht dann die Wandung des Fruchtknotens hervor. Durch ein intensives Wachsthum und reichliche Theilung der Zellen erhebt sich dieser Ring immer höher und wölbt sich schliesslich über dem Vegetationsscheitel zusammen, ganz wie dies bei *Peperomia* geschieht; nur bleibt hier der heranwachsende Ringwall stets auf seiner oberen Kante von jenen drei Höckern gekrönt. Im Inneren dieses Walles differenziren sich dann einzelne Procambiumstränge, ganz wie bei *Peperomia*, von unten nach oben in der Bildung fortschreitend. Nur ist es hier nicht allein ein Strang, wie bei *Pepero-*

mia, sondern deren drei. Und zwar setzen diese drei Stränge an die Stränge des äusseren Staubblattwirtels an und verlaufen von dieser Ansatzstelle aus grade aufwärts durch die Fruchtknotenwandung hindurch stets genau in der Medianebene der ursprünglichen drei Höcker (Taf. 3 Fig. 6). —

Unterdessen hat am Vegetationsscheitel selbst wieder Neubildung begonnen. Beim Hervortreten jenes Ringwalles war in der Mitte desselben die Scheitelzellgruppe selbst unverändert geblieben und hatte seitdem nur durch wenige Flächentheilung in den Epidermis- und Periblemzellen und entsprechende unregelmässige Theilung im Plerom ihre Oberfläche vergrössert (Taf. 2 Fig. 16). Nun, nachdem jener Ringwall bereits eine beträchtliche Höhe erreicht hat, auch bereits Procambiumstränge in demselben aufzutreten beginnen, strecken sich plötzlich sowohl die Zellen des Periblems als auch die obersten des Pleroms senkrecht zur Aussenfläche und theilen sich beide derselben parallel (Taf. 2 Fig. 17). Dabei ist diese Streckung der Zellen in der Mitte der Scheitelfläche bedeutend grösser als weiter nach dem Rande derselben hin. Dadurch muss natürlich diese Mitte als ein mehr und mehr halbkugeliger Höcker sich erheben, der die auflagernde Epidermis auftreibt und zu reichlicher Flächentheilung veranlasst. So erhebt sich also der Vegetationspunkt der Blüthenachse abermals zu erneuter Thätigkeit als ein halbkugeliger Höcker. Doch hat die innere Differenzirung desselben in Periblem und Plerom durch das Auftreten jener Zelltheilungen vollständig ein Ende erreicht. Der Vegetationskegel besteht jetzt von der Epidermis abgesehen in seiner ganzen Masse aus einem einheitlichen gleichmässigen Gewebe. — Dieser Kegel wird nun zur Samenknospe.

Die Entwicklung derselben stimmt dabei ganz mit demselben Vorgange bei *Peperomia* überein. Wie dort, so nimmt auch hier der halbkugelige Höcker bald die Gestalt eines cylindrischen Zäpfchens an. Während nun aber bei *Peperomia* nur ein einziges Integument gebildet wird, entstehen hier deren zwei, zuerst ein inneres, dann unterhalb desselben ein zweites äusseres. Beide aber verdanken ihren Ursprung ausschliesslich den Zellen der Epidermis und entstehen ganz in derselben Weise, wie jenes einzige Integument von *Peperomia*. Beide sind daher auch bei ihrer ersten Entstehung gleichmässig nur zwei Zellenlagen dick. Die Zellen des zuerst entstandenen inneren Integumentes spalten sich jedoch mehrfach, und so erscheint dieses bald beträchtlich dicker als das äussere Integument, ganz besonders aber auf der Spitze des Knospenkernes (vgl. Taf. 3 Fig. 18 von *Artanthe recurva*, Taf. 4 Fig. 7 von *Pothomorphe sidifolia*). An der Entstehung dieser beiden Integumente ausschliesslich aus der Epidermis lässt die Beobachtung der ersten Entwicklungsstadien auch nicht den geringsten Zweifel. Gleichwohl aber darf diese Neubildung der Epidermis keineswegs so aufgefasst werden, als ob dieselbe hier ganz unabhängig von dem übrigen Gewebe Neubildungen aus sich hervorsprossen lasse. Dagegen sprechen deutlich die mehr oder minder zahlreichen Zelltheilungen, die innerhalb jenes Epidermis-Ringes in den zunächst gelegenen Zellen des Grundgewebes auftreten und hier das Hervortreten eines niedrigen Ringwulstes bewirken, auf dem die Integumente gleichsam aufsitzen. Zur Ausbildung der Integumente selbst aber trägt diese Neubildung niemals bei; zudem tritt sie auch in verschiedenen Blüthen in sehr verschiedenem Masse auf und unterbleibt häufig vollständig; die Integumente selbst sind also rein als Bildung der Epidermis zu betrachten.

Nach dem Hervortreten der beiden Integumente entwickelt sich dann rasch der obere Theil des Zäpfchens zum Knospenkern, der untere zu einem kurzen Funikulus. In dem Knospenkerne entsteht dann der Embryosack, in dem Funikulus differenzirt sich ein kurzer Fibrovasalstrang (Taf. 3 Fig. 6). Alles dies aber erfolgt hier ganz in derselben Weise wie oben bei *Peperomia*, bedarf also keiner weiteren Darstellung.

Werfen wir hier nur noch einen Blick auf die Gestalt des Fruchtknotens zur Zeit der Blüthe (Taf. 3 Fig. 6).

Die ganze Form desselben ist zu dieser Zeit unregelmässig eiförmig, mehr oder weniger von der Seite her abgeplattet. In halber Höhe theilt eine ringförmige Einschnürung den Fruchtknoten in einen unteren kurz zapfenförmigen, behaarten Theil und in einen oberen unregelmässig halbkugeligen, nackten Theil. Der letztere theilt sich nach oben in drei zurückgeschlagene kurze dicke Zipfel, die auf ihrer Oberseite mit zahlreichen kurzen Narbenpapillen bedeckt sind. Im Inneren der sehr dicken Fruchtknotenwandung verlaufen drei Fibrovasalstränge, entsprechend den drei Zipfeln der Narbe, genau vor den drei äusseren Staubblättern. Unmittelbar unter dem oberen Rande des Fruchtknotens schliessen diese Stränge dann zu einem Fibrovasalringe zusammen, ohne nach den drei Narben selbst sich noch fortzusetzen. — Aus dem Grunde der sehr engen Fruchtknotenhöhle erhebt sich genau central die Samenknospe auf einem kurzen dick angeschwollenen Funiculus. In diesen hinein verläuft bis zur Höhe der Insertion der beiden Integumente ein kurzer, sehr kleinzelliger Fibrovasal-Strang, der nach unten an den Blattspurstrang des dritten Staubblattes, grade wo dieser unter der Samenknospe herstreicht, ansetzt und von da grade aufwärts in den Funikulus hinein verläuft. Der Knospenkern selbst ist von einem dicken inneren und einem dünneren äusseren Integumente völlig eingehüllt und zeigt in seinem oberen Theile die grosse Embryosackzelle, die nunmehr zur Befruchtung reif ist. —

Ganz denselben Entwicklungsgang der Blüthe wie *E. Amalago* befolgen nun sämmtliche Species der Gattung *Enckea*, die ich untersuchen konnte. Eines näheren Eingehens auf andere Species bedarf es demnach hier nicht.

Wenden wir uns vielmehr direkt zur morphologischen Betrachtung der einzelnen Blüthentheile.

Auch hier wie bei *Peperomia* sind wieder jene beiden seitlich nach vorne gestellten Stamina die ersten Bildungen der jungen Blüthenanlage. Vorher tritt nicht die geringste Neubildung im Periblem, nicht die geringste Zelltheilung ein, die etwa als Andeutung eines Vorblattes oder Perigons betrachtet werden könnte. Perianthium nullum heisst es daher auch hier.

Die ersten Bildungen der jungen Blüthe sind also die Stamina. Dieselben stehen, wie die Beobachtung der ersten Anlagen darthut, in zwei alternirenden dreigliedrigen Wirteln. Das bestätigt auch die späterhin verschiedene Ausbildung der einzelnen Stamina. Dass dabei die sechs Staubblattstränge sämmtlich von demselben Punkte ausstrahlen, fällt natürlich gar nicht ins Gewicht und beweist nur, wie wenig Bedeutung den Fibrovasalsträngen bei der Entscheidung solcher morphologischen Fragen beigelegt werden kann. Die Entstehung der Glieder beider Wirtel ist ferner keineswegs gleichzeitig, beide Wirtel sind mithin succedan. Und zwar befolgen die sechs Stamina, wie die obige Darstellung lehrt, ganz dieselbe Reihenfolge der Entstehung, die bei dem 2×3 gliedrigen Perigon der Monokotylen so vielfach in Gebrauch ist: die drei ersten Stamina entstehen mit $1/3$ Divergenz, dann folgt das vierte mit $1/2 = \frac{1 + 1/2}{3}$ Divergenz, endlich das fünfte und sechste wieder mit $1/3$ Divergenz [1]).

Vergleicht man die Gestalt der Stamina mit denen von *Peperomia*, so findet man bei *Enckea* stets zwei Staubfächer auf jeder Seite der Medianebene, bei *Peperomia* nur ein solches, breiteres. Je ein Paar Staubfächer von *Enckea* entspricht mithin einem einzigen Staubfach von *Peperomia*, wie das auch Mittelbildungen und Uebergangsformen, die sich bei anderen *Piperaceen*, namentlich in der Gattung *Piper* häufig finden, unzweifelhaft beweisen.

Die morphologische Bedeutung der einzelnen Stamina aber kann wohl auch hier wie bei *Peperomia* keinem Zweifel unterliegen. Jedes einzelne Stamen besitzt eben den Werth eines einzelnen Phyllomes. —

Auf das Andröceum folgt dann an der Blüthenachse das Gynäceum. Dasselbe entsteht, wie oben dargethan, in Gestalt eines Ringwalles unterhalb des Vegetationsscheitels. Es verhält sich überhaupt in allen Dingen genau wie der Fruchtknoten von *Peperomia*. Wie jenem, so muss deshalb auch diesem phyllomatische Bedeutung zuerkannt werden.

Viel leichter als dort aber lässt sich hier die Frage nach der Anzahl der Phyllome beantworten, die zur Bildung des Fruchtknotens zusammentreten. Die Antwort gibt eben die Entwicklungsgeschichte. Drei Höcker erheben sich, schliessen zu einem Ring zusammen und entwickeln sich zum Fruchtknoten. Zur Bildung des Fruchtknotens treten somit drei Phyllome, drei Carpidien zusammen. Damit stimmt denn auch das Auftreten von drei Narben und drei Fibrovasalsträngen an denselben Stellen, da jene drei Höcker sich finden. Diese drei Carpidien aber stehen genau vor den drei äusseren Staubblättern, sie bilden somit einen dreigliedrigen Wirtel, der mit dem inneren Staubblattwirtel alternirt.

---

1) Vgl. Rohrbach, Ueber den Blüthenbau von Tropaeolum. Bot. Zeitung. 1869. p. 836 Anm.

Die ganze Blüthe baut sich somit (abgesehen von der später zu betrachtenden Samenknospe) aus drei alternirenden dreigliedrigen Wirteln auf. Die Glieder der beiden äusseren Wirtel werden zu Staubblättern, die des inneren Wirtels zu Carpidien. Die Glieder der beiden äusseren Wirtel lassen dabei noch eine bestimmte Reihenfolge in der Zeit ihres Auftretens erkennen. — Alle diese Verhältnisse müssen denn auch im empirischen Diagramme der Blüthe (Taf. 1 Fig. 15) ihren Ausdruck finden.

Zum Schlusse der ganzen Betrachtung der Blüthe von *Enckea* seien noch einige abweichende Bildungen erwähnt, die vielleicht nicht ohne Interesse sind.

Der erste Fall betrifft eine junge Blüthe von *E. Sieberi Miq.* Auf zwei regelmässige Staubblattwirtel folgte ein 5gliedriger Carpidienwirtel. Und zwar liess sich deutlich erkennen, dass zu den 3 Carpidien des normalen Fruchtknotens nach 2 Carpidien und zwar die hinteren Glieder eines folgenden inneren Carpidienwirtels hinzugetreten waren; von einem dritten vorderen Carpidium eines solchen inneren Wirtels aber war keine Spur zu entdecken. In der Mitte dieses 5gliedrigen Fruchtknotens war von der Anlage der Samenknospe noch nichts vorhanden.

An Stelle dieses fünfgliedrigen Fruchtknotens fand sich ferner in mehreren Blüthen einer nicht näher bestimmten Species von *Enckea* ein viergliedriger Fruchtknoten neben einem völlig regelmässigen Andröceum. Das hinzutretende vierte Carpidium hatte sich hier völlig in den dreigliedrigen Wirtel mit eingeschoben, der letztere erschien somit hier regelmässig viergliedrig. Die vier Carpidien selbst aber standen dann bald diagonal, bald ein Paar lateral, das andere median.

Etwas anderer Art sind einige weitere abnorme Bildungen, ebenfalls von *E. Sieberi.* Bisweilen war nämlich das sechste Staubblatt zum Carpidium anstatt zum Stamen geworden und mit in den Kreis des Fruchtknotens eingetreten. Die normalen drei Carpidien waren alle deutlich entwickelt, nur war das hintere durch den Eintritt des sechsten Staubblattes etwas zur Seite gedrängt. So bildete der Fruchtknoten denn einen fast regelmässig viergliedrigen Wirtel.

Ein einziges Mal fand sich bei derselben Species eine sehr interessante Abnormität. Der äussere Staubblattwirtel war ganz regelmässig ausgebildet, ebenso das vordere Staubblatt des inneren Wirtels. Die beiden hinteren Staubblätter dieses Wirtels aber waren zur Bildung des Fruchtknotens zu dem Carpidienwirtel hinzugetreten und zeigten völlig die Gestalt der Carpidien, nur in dem dicken Gewebe der Rückseite von beiden waren je zwei ganz regelmässige Staubfächer mit Pollen entwickelt. Die drei normalen Carpidien boten gar keine abweichende Struktur dar.

Sehr häufig fand sich ferner bei *E. Sieberi*, weniger häufig bei *E. Amalago* eine Abweichung von dem regelmässigen Bau des Andröceums. Das letzte sechste Staubblatt ward nämlich häufig zwar deutlich als Höcker angelegt, kam aber nicht weiter zur Entwicklung, abortirte; ebenso häufig aber war auch nicht die geringste Spur von demselben zu erkennen. Der Abort war dann ein so vollständiger, dass schon nach der Anlage der ersten einleitenden Zelltheilungen die fernere Ausbildung ganz unterblieb. Oder aber auch diese erste einleitende Zelltheilung unterblieb. Das Andröceum bestand dann nur aus fünf Staubblättern.

Entwicklung der Blüthe von Artanthe, Ottonia und Pothomorphe.

(Taf. 3 Fig. 9—22, Taf. 4 Fig. 1—9, Taf. 5 Fig. 12—14.)

Die obige Darstellung der Blüthenentwicklung von *Enckea* kann nun als Ausgangspunkt dienen für die Darstellung aller übrigen Blüthenformen, die hier noch zu betrachten sind. Unterscheiden sich doch die Blüthen der Gruppe *Artanthe* von *Enckea* fast nur durch die wechselnde, schwankende Anzahl der Stamina, die Blüthen der Gruppe *Piper* dagegen durch mehr oder weniger vollständige Eingeschlechtigkeit der Blüthen. Bei den einzelnen Blüthenformen bedarf es mithin auch nicht mehr einer eingehenderen Darstellung, nur die besonderen Abweichungen einer jeden Form müssen specieller erörtert werden.

Zuerst sollen im Folgenden die Blüthen des Verwandtschaftskreises von *Artanthe* zur Sprache kommen. Da schliesst sich denn zunächst an *Enckea* eine Blüthenform an, deren Entwicklungsgang ich bei *Artanthe Jamaicensis Griseb.* genauer verfolgen konnte.

Der Blüthenbau dieser Species zeigt von *Enckea* den einen durchgreifenden Unterschied, dass hier die Entwicklung des fünften und sechsten Staubblattes von *Enckea* gänzlich unterbleibt. In allen übrigen Punkten stimmen beide Blüthenformen fast vollständig überein.

Ganz in derselben Weise als Neubildungen des Periblems und in derselben Reihenfolge wie bei *Enckea* entstehen auch hier die vier ersten Stamina (Taf. 3 Fig. 10 Staubblatt 3 und 4) und entwickeln sich ganz in derselben Weise wie dort zu fertigen Staubblättern. Die Anlage eines fünften und sechsten Stamens aber unterbleibt vollständig. Auch nicht den geringsten Höcker, ja sogar nicht die geringste Zelltheilung im Periblem, die etwa als Andeutung zweier solcher Stamina aufgefasst werden könnte, vermag selbst die genaueste Untersuchung aufzufinden. Zwei solche Stamina sind eben hier überhaupt nicht vorhanden, noch auch irgend ein Aequivalent oder eine Andeutung derselben.

Ganz übereinstimmend mit *Enckea* ist ferner die erste Anlage und die weitere Ausbildung des Fruchtknotens, sowie auch die erste Anlage und die weitere Entwicklung der Samenknospe. Es bedarf also auch hier keines weiteren Eingehens auf diese Verhältnisse.

Nur der fertigen Gestalt der Blüthe zur Zeit der Geschlechtsreife mögen noch einige Worte gewidmet werden. Das Andröceum besteht, wie gesagt, aus vier Staubblättern. Von diesen bilden deutlich die drei äusseren kräftiger entwickelten einen regelmässigen dreigliedrigen Wirtel. Das vierte median nach vorne stehende unterscheidet sich schon auf den ersten Blick durch seine weit schmächtigere Gestalt und geringere Grösse von jenen äusseren. — Der fertige Fruchtknoten unterscheidet sich von dem Fruchtknoten von *Enckea* vor allem durch die Gestalt der Narben. Während dort nämlich auf der Spitze des Fruchtknotens drei zurückgeschlagene lineale Narbenzipfel aufsitzen, haben sich hier jene drei ursprünglichen Höcker zu einem langen, tief dreigespaltenen Griffel entwickelt, dessen einzelne Schenkel an der Spitze sich aus einander schlagen und hier mit zahlreichen Narbenpapillen bedeckt sind (vgl. Taf. 3 Fig. 22 von A. recurva). Auch zeigt hier der Fruchtknoten nicht wie bei *Enckea* jene ringförmige Einschnürung an seiner Basis. — Um so vollständiger aber stimmt das ganze Fibrovasalsystem der Blüthe mit dem von *Enckea* überein; nur dass hier natürlich auch jene beiden Stränge des fünften und sechsten Staubblattes von *Enckea* völlig fehlen. Ebenso wie dort aber umgiebt auch hier ein Fibrovasalring den oberen Rand des Fruchtknotens, in die Griffelschenkel selbst tritt nicht der geringste Strangtheil ein. —

Wie die ganze Blüthe, so muss schliesslich auch das empirische Diagramm (Taf. 3 Fig. 12) derselben ganz mit dem von *Enckea* übereinstimmen, nur dass eben die beiden hinteren Glieder des inneren Staubblattwirtels hier ausfallen.

Auch hier mögen noch einige abnorme Blüthen erwähnt werden. Mehrmals fand ich nämlich Blüthen, in denen das vierte, vordere Staubblatt zwar deutlich als Höcker angelegt, aber nicht zur Ausbildung gekommen war, dasselbe also abortirte. Bisweilen aber unterblieb auch die erste Anlage eines solchen Höckers, ja selbst die allererste Zelltheilung, wodurch die Bildung desselben sonst begonnen zu werden pflegte. Die genau mediane Stellung dieses Staubblattes gestattete, diese Frage mit der grössten Sicherheit zu entscheiden. Von Abort des vierten Staubblattes kann somit hier nicht mehr die Rede sein, da ja überhaupt jede Neubildung unterblieb, mithin auch keine Neubildung misslingen, abortiren konnte. Die ganze Blüthe bestand demnach aus einem dreigliedrigen Staubblattwirtel und einem genau superponirten dreigliedrigen Carpidienwirtel.

An die ebengeschilderte Blüthenform schliesse ich zunächst an eine Form der Blüthe, die auf den ersten Blick sehr abweichend erscheinen muss, die jedoch am besten hier sich anreihen wird. Es ist dies die Blüthe der Gattung *Ottonia Spr.* Genauer untersucht habe ich aus dieser Gattung *O.* (*Carpunya Presl*) *laeta Knth*, von der mir einige junge Blüthenkolben aus dem bot. Garten zu Berlin zu Gebote standen.

Die erste Anlage der Blüthe geht hier wie bei allen *Piperaceen* aus der äusseren Periblem-Schichte hervor. Eine Gruppe von Periblem-Zellen in der Achsel des Tragblattes (Taf. 5 Fig. 5) spaltet sich zu einer doppelten Lage und bildet so das Meristem des Blüthensprosses. Soweit habe ich den Vorgang der ersten Anlage der Blüthe mit voller Sicherheit ermitteln können. Ob auch weiterhin die ferneren Zelltheilungen nach demselben allgemeinen Modus, der sonst die ganze Familie beherrscht, erfolgen, das wage ich mit Bestimmheit nicht zu behaupten. Das äusserst kleinzellige Gewebe des Kolbens, sowie die ausserordentlich reichliche Zelltheilung in der Rinde unterhalb der jungen Blüthenanlage erschweren eine klare Einsicht in den ganzen Vorgang der Zellbildung ausserordentlich; doch lässt sich mit Bestimmtheit behaupten, dass unterhalb der Epidermis stets eine einheitliche Periblemlage die fast ebene Oberfläche des kaum sichtbar hervortretenden Blüthenmeristemes bedeckt. Eine Ausnahme von der allgemeinen Regel ist also wohl auch hier nicht zu erwarten.

An diesem ausserordentlich flachen Blüthenhöcker treten nun genau rechts und links von der Mediane zwei kleine Höcker fast gleichzeitig hervor und entwickeln sich rasch zu kleinen Zäpfchen. Bald darauf erscheinen auf der hinteren und vorderen Seite der Blüthe, also mit den beiden ersten alternirend, näher dem Mittelpunkte der Vegetationsfläche zwei gleiche Höcker, die ebenfalls rasch zu kleinen Zäpfchen heranwachsen (Taf. 5 Fig. 9). Das Auftreten dieser beiden Höcker ist jedoch keineswegs so gleichzeitig, wie dasjenige der beiden vorhergehenden, vielmehr ist hier stets der hintere Höcker merklich, wenn auch nicht sehr bedeutend voraus. Diese 4 Zäpfchen entwickeln sich dann zu Staubblättern, während in ihrer Mitte die Vegetationsfläche langsam sich vergrössert. Zugleich erscheinen diese 4 Stamina immer mehr auf gleicher Höhe an der Vegetationsfläche inserirt, sie bilden scheinbar immer deutlicher einen viergliedrigen Wirtel (Taf. 5 Fig. 10, 14). — Plötzlich treten alternirend mit jenen vier jungen Staubblattanlagen vier kleine Höcker gleichzeitig über die Vegetationsfläche hervor. Rasch erhebt sich auch die gesammte Ringzone, auf der diese vier Höcker aufsitzen, als ein deutlicher Ringwall, in dessen Mitte der eigentliche Vegetationsscheitel, die Mitte der ganzen Vegetationsfläche, unverändert bleibt. Erst späterhin wenn jener Ringwall bereits nach oben über den Vegetations-Scheitel sich zusammen zu neigen beginnt, erhebt sich dieser von Neuem als kegelförmiges Zäpfchen und bildet sich zum Knospenkern aus, während seine Oberhaut zwei Integumente aus sich hervorsprossen lässt. —

Gehen wir etwas genauer auf die einzelnen Vorgänge im Zellgewebe ein, so zeigt deutlich der mediane Blüthenlängsschnitt, dass auch hier wuchernde Periblem-Massen das Hervortreten der beiden Staminal-Höcker bewirken; und zwar beginnt diese Neubildung des Periblems zuerst auf der hinteren, dann erst auf der vorderen Seite der Blüthe. Sämmtliche Staubblatt-Höcker entwickeln sich dann zu

Staubblättern ganz in derselben Weise wie oben bei *Enckea*. In gleicher Weise wie dort bilden sich auch hier aus dem gleichartigen Zellgewebe Fibrovasalstränge hervor. Stets aber sind die beiden medianen Stamina hinter den beiden seitlichen bedeutend in der Entwicklung zurück und stehen auch schliesslich zur Blüthezeit diesen sowohl an Grösse als auch an Dicke bedeutend nach. Ebenso bleibt aber auch das vordere Staubblatt hinter dem hinteren stets um eine Stufe in der Entwicklung zurück (Taf. 5 Fig. 6 und 7); doch ist hier der Unterschied lange nicht so bedeutend, wie zwischen dem medianen und lateralen Paare. —

Nach der Anlage der beiden medianen Staubblätter bleibt der Vegetations-Scheitel selbst eine Zeitlang unthätig oder beschränkt sich doch nur darauf, seine Fläche durch wiederholte Flächentheilung zu vergrössern. Der mediane Blüthenlängsschnitt zeigt demgemäss auch zwischen den beiden jungen Staubblattanlagen den Vegetationspunkt oder vielmehr die fast muldenartig eingesenkte Vegetationsfläche gebildet aus einer einfachen Epidermislage, unter der eine ebenso einfache deutliche Periblem-Lage herläuft (Taf. 5 Fig. 6). Plötzlich treten in diesem einheitlichen Periblem an den oben bezeichneten vier Punkten neue Bildungsheerde auf und bewirken hier lokale Wucherungen der Periblemzellen. Dieses Streben nach Neubildung greift rasch um sich und erfasst die kurzen Streifen Periblem, die jene vier Punkte unter einander verbinden. Diese erheben sich ebenfalls und bewirken so das Hervortreten eines Ringwalles (Taf. 5 Fig. 7), dessen oberer Rand von vier Höckern gekrönt ist. In der Mitte aber bleibt eine Gruppe von Zellen, die dem eigentlichen Vegetations-Scheitel entsprechen, unverändert. Diese Zellen theilen sich auch fürderhin nur durch Flächentheilung.

Durch intensives Wachsthum erhebt sich nun jener Ringwall rasch höher und wölbt sich über dem Vegetations-Scheitel zusammen. Die anfangs sehr kleine Fläche des letzteren vergrössert sich dabei allmählich. Plötzlich strecken sich dann die Zellen des Periblems sowohl, als auch die obersten Zellen des Pleroms senkrecht zur Aussenfläche und theilen sich derselben parallel (Taf. 5 Fig. 8), die so entstandenen Tochterzellen abermals u. s. f., ganz in derselben Weise wie oben bei *Peperomia*. Und so erhebt sich denn in der Tiefe der Fruchtknotenhöhlung die Vegetationsspitze von neuem als ein halbkugeliger Höcker, der jedoch von einer inneren Differenzirung in Plerom und Periblem nichts mehr erkennen lässt.

Dieser Höcker wird zur Samenknospe. Aus seiner Oberfläche sprossen zwei Integumente hervor und schliessen nach oben über dem Knospenkerne zusammen. Leider war es mir aus Mangel an dem geeigneten Materiale nicht möglich, bei der vorliegenden Species die Entwicklung der Samenknospe und ihrer Integumente eingehender zu verfolgen, ebensowenig wie ich über die fernere Ausbildung des Fruchtknotens genaueres festzustellen vermochte. Ich muss mich deshalb hier auf einige kurze Notizen über die Gestalt des Fibrovasal-Systemes der Blüthe beschränken (Taf. 5 Fig. 13). Aus dem Scheitel des Winkels, den der Blattspurstrang des Deckblattes mit dem stammeigenen Strange bildet, oft aber auch vom Blattspurstrang aus oder noch häufiger von dem stammeigenen Strange selbst aus verläuft ein kurzer Strang eine Strecke weit nach dem jungen Blüthen-Meristeme hin und spaltet sich dann in zwei Gabeläste, die je in eins der beiden seitlichen Staubblätter einbiegen. Später, nachdem auch das zweite Staubblattpaar sich weiter entwickelt hat, biegt von jenem Gabelpunkte aus ein dritter Strang in das hintere, bald darauf auch ein vierter Strang in das vordere Staubblatt ein. Nach einiger Zeit beginnt auch in der Wandung des Fruchtknotens die Anlage von Strängen. Bisweilen ist es wieder jener Gabelpunkt, von welchem aus vier Stränge, regelmässig alternirend mit den vier Staubblattsträngen, in die Fruchtknotenwandung hinein sich erstrecken und durch dieselben aufwärts nach jenen vier Höckern hin verlaufen. In den meisten Fällen aber senden die beiden medianen Staubblattstränge an der Stelle, wo sie unter jenem Ringwalle hinstreichen, nach zwei Seiten je einen Strang aus, der in einem Bogen in die Fruchtknotenwandung einbiegt und hier wieder gerade aufwärts nach dem betreffenden Höcker hin verläuft. Ob auch hier ein Fibrovasal-Ring späterhin die oberen Enden jener vier Stränge verbindet, und ob auch hier ein kurzer Strang in den Funiculus der Samenknospe eindringt, das war aus Mangel an den späteren Entwicklungsstadien nicht zu entscheiden. —

Welchen morphologischen Werth besitzen nun die einzelnen Theile der Blüthe?

Von einem Perigon findet sich auch hier bei *Ottonia*, ebenso wie bei allen *Piperaceen*, nicht die geringste Spur.

Die ersten Phyllome vielmehr, die an der Blüthenachse auftreten, sind Staubblätter. Und zwar entsteht von diesen zuerst ein Paar lateral, dann viel später und näher dem Vegetations-Scheitel ein zweites Paar median. Die beiden ersten treten fast gleichzeitig hervor, die beiden letzteren dagegen mit einem deutlichen, doch nicht sehr grossen Zeit-Intervall. Schon nach kurzer Zeit aber hat sich durch ungleichmässige Ausdehnung der Vegetations-Fläche das Stellungsverhältniss der beiden Paare so weit verschoben, dass jetzt sämmtliche vier Stamina auf gleicher Höhe und in gleicher Entfernung von einander und vom Vegetations-Scheitel zu stehen kommen. Immerhin aber bleibt das laterale Paar dem medianen in der Entwicklung stets voraus, ja noch die fertige Gestalt der Stamina lässt diesen Unterschied deutlich erkennen. Von den beiden Gliedern des medianen Paares aber ist das vordere stets, auch in seiner fertigen Gestalt hinter dem hinteren zurück. — Daraus ergibt sich denn der Bau des Andröceums von selbst. Auf einen äusseren zweigliedrigen lateralen Wirtel folgt alternirend ein ebenfalls zweigliedriger, medianer innerer Wirtel. Von diesen entsteht der äussere Wirtel simultan, der innere succedan. Beide Wirtel rücken schliesslich zu einem unechten viergliedrigen Wirtel zusammen.

Im Inneren dieses 2 × 2gliedrigen Andröceums tritt dann alternirend der viergliedrige Carpidien-Wirtel hervor, dessen Glieder genau diagonal stehen (Taf. 5 Fig. 10).

Nach dieser Auffassungsweise bestände also die Blüthe aus zwei alternirenden zweigliedrigen Wirteln, deren äusserer lateral, der innere median steht, und einem darauf folgenden diagonal gestellten viergliedrigen Wirtel. Einfacher wäre natürlich die Annahme eines viergliedrigen Staubblatt-Wirtels, mit dem dann der Carpidien-Wirtel einfach alternirte. Doch widerspricht diese Annahme allzusehr den Thatsachen der Entwicklung und steht zudem auch keineswegs so vereinzelt da, wie schon ein einfacher Hinweis auf den Bau des Perigons der *Cruciferen* und so mancher anderen Familie beweist. —

An die oben geschilderte Blüthe von *Artanthe Jamaicensis* schliesst sich noch eine zweite Reihe von Blüthenformen an, von denen zunächst hier die Blüthe der *Artanthe recurva Miq.*[1]) und ihrer Verwandten erwähnt werden soll.

Die ganze Entwicklung der Blüthe stimmt hier bis auf einen Punkt völlig mit der oben geschilderten Blüthe von *A. Jamaicensis* überein. Der einzige Unterschied beider besteht nur darin, dass hier bei *A. recurva* das vierte Staubblatt völlig fehlt. Nicht der geringste Höcker, nicht die geringste Zelltheilung im Periblem tritt ein, die als erste Anlage eines solchen vierten Staubblattes aufgefasst werden könnte. Daran lässt die Beobachtung des medianen Blüthenlängsschnittes nicht den geringsten Zweifel. Die allererste Bildung, die auf der Vorderseite der Blüthe stattfindet, ist vielmehr der Ringwall des Fruchtknotens (Taf. 3 Fig. 16 und 17). Von einem solchen vierten Staubblatt kann somit hier überhaupt nicht die Rede sein, geschweige denn von dem Abort eines solchen.

Die ganze Blüthe baut sich mithin aus einem dreigliedrigen Staubblatt-Wirtel, dessen eines Glied median nach hinten steht, und einem dreigliedrigen, superponirten Carpidien-Wirtel auf (Taf. 5 Fig. 2).

Ein neues Beispiel also für das Auftreten superponirter Wirtel in einer Blüthe, bei denen von einem abortirenden Zwischenwirtel nicht die Spur vorhanden ist!

An *Artanthe recurva* schliesst sich sehr nahe die Blüthe der Gattung *Pothomorphe* an, die ich an drei Species genauer untersuchen konnte. Doch stimmen alle drei *P. sidifolia Miq.*, *P. umbellata Miq.* und *P. subpeltata*[2]) in ihrem ganzen Entwicklungsgang vollkommen überein.

Von allen bisher betrachteten Blüthenformen aber weichen sie insofern wesentlich ab, als hier die ganze Blüthe nur aus zwei seitlich schräg nach vorne stehenden Staubblättern und einem eiförmigen Fruchtknoten besteht, auf dessen Spitze drei kurze pfriemliche Narbenzipfel aufsitzen (Taf. 4 Fig. 9). Im übrigen aber stimmt die ganze Entwicklung der Blüthe, die Anlage und Ausbildung der Staubblätter, die Anlage und Ausbildung des Fruchtknotens, sowie der Samenknospe ganz mit den gleichen Bildungen von *Enckea* überein. Nur die fertige

1) Aus den bot. Gärten zu Bonn und Berlin.

2) Aus den bot. Gärten zu Berlin, Bonn, Halle, Marburg und Würzburg.

Gestalt des Fruchtknotens zeigt nicht jene ringförmige Einschnürung der *Enckea* (Taf. 4 Fig. 9); dagegen sind hier die Stamina unterhalb des Staubbeutels schwach eingeschnürt, ähnlich wie die Staubfäden von *Euphorbia*, *Alchemilla* u. a. Dann zeigt sich auch hier das Fibrovasalsystem der Blüthe entsprechend modificirt. Von dem Gabelpunkt der Staubblattstränge strahlen hier nur zwei Stränge in die beiden Stamina aus. An diese setzen dann in gewöhnlicher Weise die beiden seitlichen Fruchtknotenstränge an. Der dritte median nach hinten fallende Fruchtknotenstrang dagegen entspringt wieder von jenem Gabelpuncte, streicht unter der Samenknospe her und wendet sich dann aufwärts in die Fruchtknotenwandung nach dem hinteren Narbenzipfel hin, um hier mit den beiden anderen Strängen zur Bildung des Fibrovasalringes zusammenzuschliessen. An diesen dritten Fruchtknotenstrang setzt dann auch der kurze Strang an, der grade aufwärts in den Funiculus hinein verläuft.

Sehr einfach ergibt sich denn auch das empirische Diagramm von *Pothomorphe* (Taf. 5 Fig. 3). Die ganze Blüthe besteht nämlich aus zwei Staubblättern, die zu beiden Seiten schräg nach vorne gestellt sind, und einem dreigliedrigen Carpidien-Wirtel, von dem ein Glied median nach hinten gestellt ist, die beiden vorderen dagegen genau den beiden Staubblättern superponirt sind. —

Von dieser Blüthenform allein gibt Miquel in seinem Syst. Pip. p. 28 eine Darstellung des Diagramms. Darnach ist die Stellung des Carpidien-Wirtels jedoch grade die umgekehrte, das mediane Carpidium steht bei ihm nach vorne, und somit alternirt dieser Wirtel ganz regelmässig mit dem unvollständigen Wirtel der beiden Staubblätter. Miquel gibt nicht an, bei welcher Species dieser Bau der Blüthe der normale sei, doch ist er selbst nach seinen eigenen Worten nicht ganz von der unzweifelhaften Richtigkeit seines Diagramms überzeugt. Um somehr aber glaube ich auf Grund der Entwicklungsgeschichte dasselbe in Zweifel ziehen zu dürfen. Haben mir doch alle Blüthenformen mit drei Carpidien und nicht nur die vorliegende allein stets dieselbe Stellung des Carpidien-Wirtels ergeben, nämlich stets das mediane Carpidium nach hinten. Miquel's Angabe aber erklärt sich leicht dadurch, dass er allzu weit entwickelte Blüthenkolben und noch dazu Herbarienexemplare zur Ermittelung des Blüthenbaues verwendet hat. Und dabei ist es allerdings höchst schwierig, den richtigen Sachverhalt zu erkennen[1]).

Entwicklung der Blüthe von Piper.

(Taf. 4 Fig. 10—14, Taf. 5 Fig. 1.)

Mit der zuletzt genannten Blüthenform ist der Verwandtschaftskreis der *Artanthe* erschöpft. Es bleibt jetzt noch die ebenso umfangreiche Gruppe der Gattung *Piper* Miq. näher zu betrachten. Leider stand mir aus dieser Gruppe jedoch nur die männliche Blüthe von *Piper nigrum* L.[2]) zur Verfügung.

Die erste Anlage der Blüthe geschieht ganz dem allgemeinen Modus entsprechend. Schon von Anfang an differenzirt sich deutlich eine einfache Periblem-Lage von dem Plerom (Taf. 4 Fig. 10 und 11). Aus diesem Periblem entstehen dann durch lokale Wucherung die einzelnen Staubblattanlagen ganz in derselben Weise, wie bei den schon beschriebenen Blüthenformen (Taf. 4 Fig. 12). Auch die Reihenfolge des Hervortretens der einzelnen Stamina ist ganz dieselbe wie bei *Enckea* und *Artanthe*. Zuerst erheben sich fast gleichzeitig zwei seitliche, schräg nach vorne gerichtete Höcker. Dann tritt median nach hinten ein dritter Höcker von genau derselben Gestalt hinzu, der mit jenen beiden einen regelmässigen dreigliedrigen Staubblattwirtel bildet. Damit ist aber alle Neubildung in der Vegetations-Spitze der Blüthe beendigt. Während jene drei Höcker sich zu vollständigen Staubgefässen entwickeln, dehnt sich der Vegetations-Punkt selbst nach längerer

---

1) Ebenso wie mit diesem genannten Diagramm Miquel's ist es fast durchgängig mit allen Blüthenanalysen, die sich in den verschiedenen systematischen Werken vorfinden. Fast alle Abbildungen von Blüthen aus der Abtheilung der *Pipereen*, die Miquel in den Illustrationes Piperacearum (Act. Leop. C. XXI. Suppl. 1846) sowie in Martius' Flora Brasiliensis (fasc. XI. 1852) gibt, Hooker in Seemann's Botany of the Voyage of H. M. S. Herald (London 1852—54), Schnitzlein (Iconographia fam. nat. Taf. 81), Cas. de Candolle (Mém. sur la fam. des Pipéracées 1866), Le Maout et Décaisne (Traité de Botanique. 1868) etc., fast alle diese Abbildungen sind Herbarienexemplaren entnommen, die schon weit über die eigentliche Blüthezeit hinaus waren, und sind desshalb zum grössten Theile unrichtig oder doch höchst unsicher und zweifelhaft.

2) Aus den bot. Gärten zu Giessen, Heidelberg und Marburg.

Unthätigkeit nur noch um ein geringes aus und erscheint schliesslich zur Blüthezeit als ein kleiner halbkugeliger Höcker in der Mitte der drei Staubgefässe (Taf. 5 Fig. 1).

Die Entwicklung der jungen Staubblattanlagen zu ihrer fertigen Gestalt erfolgt dabei in ganz analoger Weise wie bei *Enckea*. Ein oberer, dick angeschwollener Theil wird znm vierfächerigen Staubbeutel, ein sehr kurzer unterer Theil zum Filament (Taf. 4 Fig. 13, Taf. 5 Fig. 1). Dazu treten Procambium-Stränge ganz in derselben Weise, wie bei dem ebenfalls dreigliedrigen Andröceum von *Artanthe recurva*, in die jungen Staubblattanlagen ein. Der ganze Entwicklungsgang des Staubblattes weicht also durchaus nicht von *Enckea* ab, die fertige Gestalt desselben aber zeigt sich in beiden Gruppen sehr verschieden. Das reife Staubgefäss von *Piper* stellt nämlich ein kurzes dickes Zäpfchen dar (Taf. 5 Fig. 1), dessen oberer, nur wenig dickerer Theil sich kaum durch seine vierkantige Gestalt gegen den stielrunden unteren Theil absetzt. Staubbeutel und Filament erscheinen nach aussen kaum differenzirt, beide aber bleiben stets sehr kurz und dick.

Nach der Anlage des dritten medianen Staubblattes (Taf. 4 Fig. 12) bleibt der Vegetations-Punkt selbst einige Zeit fast unthätig. Dann beginnt in ihm wieder neue Thätigkeit zu erwachen. Durch wiederholte Flächentheilung vergrössert er sich mehr und mehr und erhebt sich sogar von Neuem. Zu einer seitlichen Neubildung aber kommt es nicht mehr. War bisher das Periblem stets scharf differenzirt gewesen und vermehrte die Zahl seiner Zellen ausschliesslich durch Flächentheilung, so tritt nun ganz unregelmässig in demselben Spaltung einzelner Zellen (Taf. 4 Fig. 13), ja sehr bald auch vollständige Allwärtstheilung ein, vor allem auf dem Scheitelpunkt selbst. Dadurch verschwindet natürlich die innere Differenzirung des Meristemes rasch, die ganze Zellmasse verliert jegliche regelmässige Struktur und wuchert nur noch kurze Zeit fort. Dann hört alle Thätigkeit im Vegetations-Punkte auf. Die Spitze der Blüthenachse abortirt vollständig.

Das empirische Diagramm der männlichen Blüthe von *Piper* ergibt sich mithin als höchst einfach (Taf. 4 Fig. 14). Die Blüthenachse erzeugt einen einzelnen dreigliedrigen Staubblatt-Wirtel, von dem ein Glied median nach hinten steht[1]) und abortirt alsdann. Von wei-

1) Die meisten Beschreibungen und Abbildungen (z. B. auch Miquel's

teren Blüthentheilen ist nichts vorhanden. Keine Spur einer Neubildung nach der Anlage dieses Staubblatt-Wirtels lässt die Annahme eines Abortes weiterer Blüthenwirtel gerechtfertigt erscheinen. Nur die Spitze der Blüthenachse selbst abortirt.

Sollen also die Thatsachen allein entscheiden, so kann weder von Abort eines zweiten Staubblatt-Wirtels die Rede sein, noch von Abort eines Carpidien-Wirtels. Den Thatschen zufolge ist die männliche Blüthe von *Piper* nicht durch Abort, sondern von Anfang an eingeschlechtig.

Rückblick auf die Blüthen-Entwicklung.

Mit der zuletzt genannten Species ist die Reihe der Blüthenformen, die ich genauer untersuchen konnte, abgeschlossen. Die geographische Verbreitung der *Piperaceen*, die nur wenig nach Norden über den Aequator hinausgehen, in Europa ganz fehlen, sowie die geringe Anzahl der Formen, die in den Gewächshäusern der botanischen Gärten zur Blüthe gelangen, bringt es mit sich, dass die Anzahl der genauer untersuchten Formen eine so geringe ist im Vergleich zur Anzahl der bekannten Species. So mussten nothgedrungen einzelne Blüthenformen ganz unberücksichtigt bleiben, die morphologisch von nicht geringem Interesse sind, wie die merkwürdigen Blüthen von *Muldera* Miq. und a. m.

Ueberblicken wir aber die dargestellten Blüthenformen, so lassen sich jene vier Typen, die schon oben bei der Entwicklung der Deckblätter hervortreten, deutlich wiedererkennen. Allen übrigen Blüthenformen steht zunächst die Gattung *Peperomia* unvermittelt gegenüber; ihr eigenthümlich gebauter Fruchtknoten entfernt sie weit von allen andern Blüthen. In *Enckea* zeigt sich dann der Blüthenbau der *Pipereen* in seiner regelmässigsten Ausbildung. In der Gruppe der *Artanthe* bildet die wechselnde schwankende Zahl der Glieder des Andröceums

Syst. Pip.) der männlichen (und hermaphroditen) Blüthe von Piper nigrum L. geben nur zwei seitliche Staubgefässe an. Unter der Bezeichnung P. nigrum L. werden aber schon seit Linné so verschiedenartige Dinge zusammengefasst, dass die Ordnung dieser Verwirrung eine höchst langwierige und mühsame Arbeit erfordert, die ausserhalb Ostindiens, wo allein alle die zahllosen Varietäten zur Hand sind, nicht möglich sein dürfte.

ein charakteristisches Kennzeichen, das alle einzelnen Blüthenformen vereinigt. Bei *Piper* endlich ist die eingeschlechtige Ausbildung der Blüthe das hervorragendste Merkmal.

In diese vier Gruppen lassen sich nun sämmtliche Büthenformen der Familie, die ich bis jetzt genauer nach Herbarienmaterial untersuchen konnte, vertheilen. An *Enckea* schliesst sich vollständig die kleine Gattung *Callianira Miq.* an. Dieselben Blüthenformen wie bei *Artanthe Jamaicensis* und *recurva* fanden sich ferner bei allen untersuchten Species der grossen Gattung *Artanthe Miq.* und werden vielleicht späterhin ein Hülfsmittel an die Hand geben, diese allzu umfangreiche Gattung in einzelne natürliche Gruppen zu zerlegen. Und ebenso konnte ich bis jetzt alle Blüthenformen aus dem weiten Umfange der Gattung *Piper Miq.* auf wenige Formen zurückführen, die mit der beschriebenen männlichen Blüthe von *Piper nigrum* zu derselben Gruppe gehören. Doch sind meine Beobachtungen in dieser Hinsicht bis jetzt keineswegs abgeschlossen. —

Zur allgemeinen Morphologie der Blüthe geben jedoch die oben geschilderten Blüthenformen noch Anlass zu einigen ausführlicheren Bemerkungen.

Dahin gehört vor allem das gänzliche Fehlen einer jeden Blüthenhülle. Lässt auch die ausschliessliche Beobachtung der Höcker bei der Entwicklung von Blüthen stets noch Zweifel an dem vollständigen Fehlen einzelner Blüthentheile zu, so macht die genaue Beobachtung der Vorgänge im Zellgewebe des Meristemes selbst alle solche Zweifel unmöglich. Und diese genaue Beobachtung der einzelnen Veränderungen im Zellgewebe lässt, wie oben dargethan, von der Anlage eines Perigons nicht das geringste erkennen. An der Blüthe der *Piperaceen* fehlt also ein Perigon vollständig; die einzelne Blüthe besteht nur aus Staubblättern und Fruchtknoten oder selbst nur dem einen von beiden.

Dann aber zeigen auch diese *Piperaceen*-Blüthen, speciell die Blüthen von *Peperomia*, *Pothomorphe* und *Artanthe Jamaicensis*, dass in den einzelnen Wirteln der Blüthe einzelne Glieder vollständig fehlen können, die nach der Analogie anderer Blüthen und der Stellung der vorhandenen Glieder erwartet werden dürfen. So fehlt bei *Peperomia* und *Pothomorphe* ein drittes median nach hinten stehendes Stamen, auf das die Stellung der beiden vorhandenen Stamina hinweist, vollständig; auch nicht die geringste Neubildung im Zellgewebe des Meristemes tritt ein, die als Aequivalent eines solchen Stamens gedeutet werden könnte. Ja selbst ganze Wirtel, die bei anderen Blüthenformen vorhanden sind, können fehlen, ohne dass die geringste Spur derselben aufzufinden wäre, wie dies die Blüthe von *Artanthe recurva* mit ihren beiden superponirten Wirteln zeigt.

Solche sogenannten Unregelmässigkeiten im Bau der Blüthen sind schon in anderen Familien zahlreich genug beobachtet worden. Doch hat man stets durch die willkürliche Annahme des Abortes einzelner Blüthentheile diese scheinbaren Ausnahmen mit den angeblichen Gesetzen des Blüthenbaues in Einklang zu bringen gesucht. Die blosse Beobachtung der Höcker bei der Entwicklung der Blüthen konnte diesen willkürlich angenommenen Abort freilich nicht mit Erfolg bekämpfen. War äusserlich von abortirenden Theilen nichts zu bemerken, so blieb immer noch die Möglichkeit offen, dass diese Theile im Inneren des Vegetations-Punktes angelegt würden aber nicht zur Ausbildung gelangten. Wird aber durch die Beobachtung des Zellgewebes nachgewiesen, dass solche abortirenden Theile auch nicht durch die geringste Neubildung von Zellen angelegt werden, so darf von Abort einzelner Blüthentheile nicht mehr die Rede sein[1]). Und dies glaube ich oben für die beschriebenen *Piperaceen*-Blüthen gethan zu haben. Hier bei den *Piperaceen* finden sich also unvollständige und selbst superponirte Wirtel, ohne dass Abort einzelner Glieder stattfände.

Ganz dieselben Betrachtungen lassen sich auch an die eingeschlechtige Blüthe von *Piper nigrum* anknüpfen. Die männliche Blüthe dieser Pflanze ist eingeschlechtig, aber nicht durch Abort des Fruchtknotens. Von einem solchen ist keine Spur vorhanden, noch weniger also kann derselbe abortiren. Der Vegetations-Punkt der Blüthe beschränkt sich eben nur auf die Anlage dreier Staubblätter und abortirt dann selbst.

Ganz etwas anderes freilich ist es, wenn man dem Worte Abort einen anderen Sinn beilegt, der ihm etymologisch nicht zukommt. Man redet von abortirenden Organen da, wo man nach der Analogie

1) Ein »Abort«, der »auch der genauesten Forschung entgeht« (vgl. Krafft, die normale und abnorme Metamorphose der Mayspflanze Wien 1870. p. 64) ist doch wohl kein Abort mehr; das ist eine einfache contradictio in adjecto.

verwandter Formen Organe erwartet hätte, die nicht vorhanden sind. Eine solche Bedeutung aber ist dem Worte Abort eigentlich fremd. Wo Organe angelegt werden, aber fehlschlagen, da tritt Abort, Fehlgeburt, ein. Wo aber erwartete Organe nicht entstehen, da darf man nur von Nichtentstehen derselben — Ablast[1]), wie ich dies nennen möchte — reden, nicht von Abort. Beide Begriffe sind durchaus verschieden: Abort bezeichnet das Fehlschlagen angelegter Theile, Ablast das Ausbleiben jeder Neubildung, wo man dieselbe erwartet hätte — oder, im Sinne der Descendenztheorie, wo dieselbe bei den Vorfahren der vorliegenden Form vorhanden waren.

Wenden wir diese Betrachtungen auf die oben beschriebenen Blüthen der *Piperaceen* an, so kann man z. B. der Blüthe von *Artanthe recurva* einen ablastirenden Staubblatt-Wirtel, der Blüthe von *Piper nigrum* einen ablastirenden Fruchtknoten zuschreiben. Das sagt in Bezug auf die Thatsachen nichts weiter, als dass hier die Analogie der Blüthe von *Enckea* u. a. einen solchen Wirtel, einen Fruchtknoten hätte erwarten lassen, der aber vollständig fehlt. Solche thatsächliche Angaben allein aber haben für die morphologische Betrachtung der Blüthe einen Werth[2]).

Morphologische Bedeutung der Samenknospe.

Bei der obigen Betrachtung der einzelnen Blüthenformen ist niemals von dem morphologischen Werthe der Samenknospe die Rede gewesen. Diese Frage soll nun noch etwas ausführlicher erörtert werden.

Wie die Darstellung der Entwicklungsgeschichte gezeigt hat, entsteht die Samenknospe bei allen Blüthenformen der *Piperaceen* in der-

1) ἀ-βλαστέω.

2) Vergl. zu der obigen Auseinandersetzung auch die Bemerkungen Pfeffer's (Zur Blüthen-Entwicklung der Primulaceen und Ampelideen in Pringsheim Jahrb. f. wiss. Botanik VIII p. 212 und 213), die derselbe an die superponirten Wirtel von Ampelopsis anknüpft, sowie die allgemeinen Erörterungen über den Abort in Sachs Lehrbuch der Botanik (II. Aufl.) p. 200, 451 u. 495.

selben Weise. Auf der mehr oder weniger flachen Spitze der Blüthenachse erhebt sich rings um den Mittelpunkt der Vegetationsfläche, den Scheitel derselben, ein ringförmiger Wall, der zur Fruchtknotenwand heranwächst. Nach einiger Zeit erhebt sich in der Mitte dieses Ringwalles genau central ein halbkugeliger Höcker. Dieselbe Zellenmasse, die bis dahin den Vegetations-Scheitel einnahm, bildet die Masse dieses Höckers. Dieser Höcker muss mithin auch als echte Vegetations-Spitze betrachtet werden, die nach kurzer Ruhepause sich von Neuem erhebt.

Dieser Höcker aber wird zur Samenknospe. Die frühere innere Differenzirung geht verloren, die äussere Gestalt verändert sich vollständig: die Vegetations-Spitze wird durch besondere Differenzirung, durch Metamorphose zur Samenknospe.

Welchen morphologischen Werth besitzt nun diese Samenknospe?

Unter den verschiedenen Ansichten, die schon seit langer Zeit über die morphologische Bedeutung der Samenknospen aufgestellt sind, haben zwei eine besonders allgemeine Verbreitung gewonnen. Die eine erklärt die Samenknospe für eine echte Knospe d. h. einen unentwickelten verkürzten Spross, die andere Ansicht aber schreibt der Samenknospe stets phyllomatische Bedeutung zu.

Die erstere Anschauungsweise stützte sich vor allem auf solche abnormen Blüthen, in denen die Samenknospe zu einem deutlichen Spross ausgewachsen war. Doch hat Cramer[1]) durch sorgfältige Prüfung und Kritik aller einzelnen Angaben der Litteratur das Vorkommen solcher durchwachsenen Samenknospen im höchsten Grade unwahrscheinlich und zweifelhaft gemacht und dadurch jener Anschauungsweise, die in der Samenknospe eine wirkliche Knospe, einen unentwickelten Spross, sieht, die gewichtigste Stütze entzogen.

An die Stelle dieser älteren Anschauungsweise aber ist seit

---

1) Cf. Cramer, Bildungsabweichungen bei einigen wichtigeren Pflanzenfamilien und die morphologische Bedeutung des Pflanzeneies. Zürich 1864 p. 121—128; und Cramer, Ueber die morphologische Bedeutung des Pflanzeneies etc. Bot. Zeitung 1868 p. 241 ff. Auch die Fig. 11—14 stellen nur missgestaltete Samenknospen von *Rumex scutatus* dar, aber keineswegs durchwachsene Samenknospen.

Cramer's Untersuchungen vielfach die entgegengesetzte Ansicht getreten, den Knospenkern stets für eine »blosse Blattemergenz«[1]), die damit »gleichfalls Blattnatur besitze«, zu erklären.

Abgesehen nun davon, dass aus dem blattbürtigen Ursprung einer Samenknospe über die morphologische Bedeutung derselben noch gar nichts, vor allem keine phyllomatische Bedeutung gefolgert werden kann, so sind auch noch nicht einmal alle Samenknospen blattbürtig. Bei vielen Familien freilich und grade bei solchen, die einen grossen Theil unserer einheimischen Gewächse umfassen, den *Cruciferen*, *Ranunculaceen*, *Papilionaceen*, *Liliaceen* etc. entsteht die Samenknospe allerdings unzweifelhaft als Neubildung der Carpidien. Ja selbst bei den *Compositen* ist, wie Cramer zuerst nachgewiesen, der Knospenkern durchaus blattbürtig. Die Vermuthung Cramer's, dass sich in derselben Weise wie hier auch alle übrigen Fälle würden erklären lassen, in denen scheinbar terminale Samenknospen vorkommen, ist jedoch durch die Beobachtung keineswegs bestätigt worden.

Die älteren Arbeiten über Blüthenentwicklung (wie Payer, Organogénie comparée de la fleur (1857), Hooker's Untersuchungen über Welwitschia (1863) etc.) können hier nicht in Betracht kommen, da bei diesen Arbeiten die in Rede stehende Frage noch nicht durch Cramer (1864) angeregt war. Zuerst nach dem Erscheinen der Cramer'schen Untersuchungen aber hat A. W. Eichler für die *Helosideae*[2]) nachgewiesen, dass hier die Spitze der Blüthenachse selbst zur Samenknospe wird. Dann ist dieselbe Entstehung der Samenknospe von mir für die *Piperaceen* behauptet worden in der vorläufigen Mittheilung über die vorliegende Arbeit[3]). Dasselbe geschah kurze Zeit darauf auch für die Gattung *Najas* durch P. Magnus ebenfalls

---

1) Cramer l. c. p. 127.

2) Eichler, Sur la structure de la fleur femelle de quelques Balanophorées (in Actes du congrès international de Botanique. Paris 1867.) p. 149; ferner Latrophytum, ein neues Balanophoreengeschlecht aus Brasilien (Bot. Zeitung 1868, p. 546) und Balanophoreae Brasilienses. München 1869 (Aus Martius' Flora Brasiliensis).

3) Sitzungsberichte der niederrh. Gesellsch. f. Natur- u. Heilkunde. Sitzung vom 2. August 1869; abgedruckt in der Bot. Zeitung 1870, p. 40.

in einer vorläufigen Mittheilung[1]). In der ausführlichen Darstellung seiner Beobachtungen über *Najas*[2]) fügt Magnus auch die *Taxineae* und *Gnetaceae* hinzu. Sachs schliesst sich in der zweiten Auflage seines Lehrbuches (p. 474) ganz dieser Auffassungsweise der genannten Familien an und zieht zur Zahl derselben noch die *Chenopodeae* und *Polygoneae* heran. Nach eigenen Beobachtungen kann ich hier vor allem noch *Zea Mays* (alle Gramineae?) anführen. — Damit aber ist die Anzahl der Familien mit terminaler Samenknospe sicher noch nicht abgeschlossen, darauf deuten schon Payer's Abbildungen genugsam hin. Doch bleibt bei allen eben nicht genannten Familien immer noch die Frage unentschieden, ob die Samenknospen derselben hierher zu den *Piperaceen* und *Najadaceen* zu rechnen seien oder aber zu den *Compositen.*

Gleichwohl ist die Anzahl der Familien mit terminaler Samenknospe auch jetzt schon gross genug gegenüber den Familien mit blattbürtigen Samenknospen, dass dieselben nicht mehr als blosse Ausnahme einer sonst allgemein gültigen Regel betrachtet werden können. —

So entsteht also die Samenknospe bald als Emergenz aus echten Phyllomen, bald durch Umformung der Vegetations-Spitze: in beiden Fällen kann das Verhältniss zum Sprossganzen d. i. die morphologische Bedeutung derselben doch unmöglich dieselbe sein. Allgemein besitzt die Samenknospe also nicht stets denselben morphologischen Werth.

Zudem gibt es ja auch keinen einzigen Grund, der stets dieselbe morphologische Bedeutung aller Samenknospen erforderte. Der Begriff der Samenknospe verlangt ja nur einen Gewebekörper, der den Embryosack umschliesst, alles andere, alle Differenzirung in Knospenkern und Integumente etc. ist für den Begriff der Samenknospe nebensächlich, unwesentlich. Der Embryosack aber ist nichts weiter als eine einzelne Zelle, die zu bestimmtem physiologischem Zwecke bestimmt differenzirt ist. Die physiologischen Aufgaben aber finden sich in der Natur allgemein an die verschiedenartigsten morphologischen Gebilde geknüpft. So fällt auch in der Blüthe der Angiospermen die Ausbil-

---

1) P. Magnus, Zur Morphologie der Gattung Najas. Bot. Zeitung 1869, p. 771 ff.

2) P. Magnus, Beiträge zur Kenntniss der Gattung Najas. Berlin 1870.

dung einer Embryosack-Zelle den verschiedenartigsten Gewebekörpern zu, die an sich in sehr verschiedenem Verhältniss zum Sprossganzen stehen d. i. den verschiedensten morphologischen Werth besitzen.

Bisweilen entsteht der Embryosack mitten im Gewebe des eingebogenen Fruchtblattes (*Crinum*). In sehr vielen anderen Fällen erhebt sich auf der Innenfläche des Carpidiums ein Zellenkomplex, in dessen Mitte eine einzelne Zelle zum Embryosack differenzirt wird; zumeist lässt dieser Zellencomplex dabei noch ein oder mehrere Integumente aus sich hervorsprossen (*Saurureae*, *Centradenia* etc.). Bisweilen gestaltet sich jene Zellenmasse zu einem reich verästelten Gebilde und entwickelt dann an der Spitze jedes einzelnen Aestchens im Inneren des Gewebes eine Embryosackzelle; äusserlich werden auch diese Enden mit Integumenten umhüllt (*Orchidaceae*, *Cytineae* etc.). In sehr vielen Fällen erhebt sich ferner auf einem Zipfel des Carpidiums die Zellenmasse, in deren Innerem der Embryosack entsteht; dieser Zipfel umwächst jene Zellenmasse dann als einziges Integument (*Labiatae* etc.), oder aber es tritt innerhalb dieses Integumentes aus dem Knospenkerne hervor noch ein zweites inneres Integument hinzu (*Liliaceae* etc.). Oder aber ein ganzes Phyllom wird der Träger jener Zellenmasse und umwallt dieselbe als einziges (*Compositae*[1]) oder als äusseres Integument (*Primulaceae*). Bei andern Pflanzen wird in der Zellenmasse der Vegetations-Spitze selbst eine einzelne Zelle zum Embryosack ausgebildet; der Vegetations-Kegel bleibt dabei äusserlich unverändert (*Helosideae*), oder er lässt aus sich noch ein oder mehrere Integumente hervorsprossen (*Piperaceae, Najadaceae* etc.). Endlich kann auch jegliche äussere Differenzirung einer Zellenmasse, eines Knospenkernes unterbleiben, eine beliebige Zelle des Blüthenbodens kann zum Embryosack werden (*Loranthaceae*).

So wird also der Embryosack an den verschiedensten Orten angelegt, sein Ursprung ist keineswegs an die Glieder einer bestimmten

---

1) Für die *Compositen* hat zuerst Cramer die seitliche Entstehung des Knospenkernes an der jungen Anlage des Samenblattes nachgewiesen. Koehne (Ueber Blüthenentwicklung bei den *Compositen* Berlin 1869, p. 65 ff.) bezweifelt diese Thatsache und ebenso nach ihm Magnus (Najas, p. 30 Anm.). Ebenso wie Sachs (Lehrbuch etc. p. 473) aber habe auch ich die Angaben Cramer's bei den Species, die ich darauf hin untersuchte, bestätigt gefunden.

morphologischen Kategorie gebunden. Dem entsprechend wird auch in jedem einzelnen Falle dem Zellkörper, in dem der Embryosack entsteht, der Samenknospe, eine verschiedene morphologische Bedeutung, ein verschiedenes Verhältniss zum Sprossganzen, zukommen. —

Hier in dem vorliegenden Falle der *Piperaceen* entsteht, wie oben dargethan, die Samenknospe durch besondere Differenzirung der Vegetations-Spitze selbst.

Eine laterale Ausgliederung der Spross-Spitze kann also diese Samenknospe niemals genannt werden, also auch niemals den morphologischen Werth eines Phylloms beanspruchen.

Es fragt sich nun, ob dieser terminalen Samenknospe der Werth einer wahren Knospe d. i. eines verkürzten Sprosses zugetheilt werden darf. In diesem Falle müsste der Knospenkern mit dem Funiculus die Sprossachse darstellen, die Integumente aber Phyllome dieser Achse sein, und, da ja der Knospenkern nur die Fortsetzung der Blüthenachse selbst sein könnte, so müssten die Integumente ebenso Phyllome dieser Blüthenachse sein wie die voraufgehenden Stamina und Carpidien.

Ein solcher Fall würde in der That eintreten, wenn nach der Anlage der Staubblätter und Carpidien (ein oder zwei) ringförmige Phyllome am Vegetations-Scheitel hervorsprossten und zu Integumenten sich entwickelten, während darnach in der Vegetations-Spitze selbst durch innere Differenzirung der Embryosack entstünde [1]). Dann würden die beiden Integumente ganz in demselben Verhältniss zur Blüthenachse stehen, wie die Stamina und Carpidien, also ebenfalls den Werth von Phyllomen der Blüthenachse besitzen, das Ganze, Knospenkern und Integumente, würde dann eine wirkliche Knospe bilden. Das ist aber hier keineswegs der Fall.

Die Bildung der Samenknospe geht hier vielmehr so vor sich, dass die Vegetations-Spitze direkt nach Anlage des Fruchtknotens eine Metamorphose erleidet: das bezeugt schon das Verschwinden der inneren Differenzirung. Dann aber sprossen an der metamorphosirten Stammspitze die Integumente und zwar in basipetaler Folge hervor.

---

1) Ob in dieser Weise bei irgend einer Familie die terminale Samenknospe gebildet wird, vermag ich nicht zu sagen, doch halte ich es nicht für unmöglich.

Die letzteren stehen somit zur Blüthenachse keineswegs in demselben Verhältniss wie die vorhergehenden Phyllome der Blüthe, können also auch nicht diesen gleichwerthig genannt werden. Mithin kann auch die ganze Samenknospe nicht als einfache Endknospe des Blüthensprosses betrachtet werden.

Ich kann nach alledem die Samenknospe der *Piperaceen* nicht anders deuten, denn als eine Neubildung von lediglich physiologischer Bedeutung, die nicht zu den Produkten der einfachen Ausgestaltung des Vegetations-Kegels zu zählen ist [1]). Darnach können denn auch die morphologischen Kategorien, in welche man die Theile eines ausgestalteten Sprossganzen anordnet, die Begriffe Kaulom, Phyllom und Trichom, auf die Samenknospe nicht mehr eine Anwendung finden. Knospenkern, Funiculus und Integumente sind bei den *Piperaceen* somit weder Kaulome, noch Phyllome, noch Trichome [2]), noch auch eine

---

1) Als solche äussere Ausgestaltungen lediglich von physiologischer Bedeutung, auf welche die Kategorien Blatt, Achse und Haar keine Anwendung finden können, betrachte ich nicht nur den vorliegenden Fall der terminalen Samenknospe, sondern auch die blattbürtigen Samenknospen von *Centradenia* u. ä., die Drüsen an den Blattstielen von *Ricinus* (Reissek, Bot. Zeitung 1853 p. 338 ff.) und *Prunus* etc., die Sporangien der *Polypodiaceen* etc., die Pollinarien der *Cycadaceen* u. s. f. Ganz gleichwerthig dieser äusseren Ausgestaltung tritt in anderen Fällen, auch lediglich zu physiologischem Zwecke, eine innere Differenzirung des Zellgewebes ein und bewirkt so die Bildung von Fibrovasalsträngen, Staubfächern und Pollen der Angiospermen, Embryosackzellen im Inneren des Fruchtblattes (*Crinum*) oder des Blüthenbodens (*Loranthaceae*) u. s. f. Alle diese Bildungen können nicht mit den Produkten der einfachen Ausgestaltung eines Sprosses in Kaulom, Phyllom und Trichom gleichgesetzt werden.

2) Durch diese Deutung der Samenknospe und der einzelnen Theile derselben erledigt sich auch eine Behauptung, die sich in dem vorläufigen Bericht über diese Arbeit findet. Dort nannte ich nämlich die Integumente auf Grund ihrer Entstehung aus der Epidermis Trichome: eine Erklärung, die mehrfach (z. B. bei Magnus, Najas etc. p. 38 Anm. 2) Widerspruch gefunden hat. So lange man die Definition des Begriffes Trichom als Epidermis-Auswuchs, die z. B. Sachs in der 2. Aufl. seines Lehrbuches gibt, beibehält, so lange müssen allerdings auch die Integumente der *Piperaceen* Trichome genannt werden. Diese Definition aber kann ich jetzt durchaus nicht mehr für angemessen halten. Damit fällt natürlich auch die Deutung der Integumente als Trichome.

Verbindung derselben, sondern lediglich Theile der Samenknospe, diese selbst aber ist nichts weiter als die metamorphosirte Vegetations-Spitze. —

Ein anderes ist es natürlich in anderen Fällen z. B. da, wo das Integument nicht als eine Bildung des Knospenkernes aufzufassen ist, wo dieser vielmehr auf dem Integumente entsteht, wie bei dem einzigen Integumente der *Compositen*, der *Labiaten* etc. dem äusseren Integumente der *Primulaceen*, *Liliaceen* etc. In solchen Fällen kann das Integument sehr wohl in demselben Verhältniss zur Blüthenachse stehen wie ein Carpidium oder selbst den Theil eines Carpidiums bilden. In beiden Fällen besitzt das Integument wirklich phyllomatische Bedeutung. Entsteht in solchen Fällen aus dem Knospenkern selbst noch ein zweites inneres Integument, so muss diesem die Bedeutung eines Phyllomes wieder durchaus abgesprochen werden[1]).

Zum Schlusse sei es mir noch erlaubt, meinem verehrten Lehrer, H. Professor Hanstein in Bonn, dem ich die erste Anregung zu den vorliegenden Untersuchungen verdanke, meinen innigsten Dank auszusprechen für die freundliche Hülfe, die er mir jeder Zeit bei meinen Arbeiten bewiesen hat. Ebenso sage ich auch allen den Herren, die mich durch Mittheilung von Untersuchungsmaterial aufs bereitwilligste unterstützt haben, meinen besten Dank.

1) Ich sckrecke keineswegs davor zurück, den beiden Integumenten derselben Samenknospe verschiedenen morphologischen Werth d. h. ein verschiedenes Verhältniss zum Blüthenspross zuzuschreiben. Die Entstehung beider Integumente ist ja oft eine sehr verschiedene. Die gleiche physiologische Function beider Integumente aber kann niemals ein Grund sein, beide für morphologisch gleichwerthig zu erklären.

Nachschrift.

Der Druck der vorliegenden Arbeit hat sich durch äussere Umstände längere Zeit, nachdem dieselbe abgeschlossen war, verzögert. Inzwischen ist im X. Bande der Adansonia ein Aufsatz von Baillon erschienen: sur la position des *Chloranthacées*, worin sich einige Angaben über die Entwicklung der *Piperaceen*-Blüthen vorfinden, die hier nicht unerwähnt bleiben dürfen. Baillon hat ausschliesslich die Entwicklung des Fruchtknotens verfolgt, ist dabei aber zu Resultaten gelangt, die von der obigen Darstellung sehr bedeutend abweichen.

L'étude organogénique des Pipérées, heisst es l. c. p. 139 ff., nous a fait voir . . . que leur ovule n'est pas exactement basilaire, mais un peu latéral, inséré très-près de la base, mais non à la base même de la loge. Cela tient à ce que le gynécée des Pipérées est formé d'une seule feuille carpellaire. Or, la feuille carpellaire et l'ovule, qui tient, par rapport à elle, la place d'un bourgeon axillaire, ne peuvent pas s'insérer sur leur support commun exactement à la même hauteur. L'insertion de la feuille se fait un peu plus bas que celle de l'ovule, lequel s'attache du côté où les bords de la feuille se rejoignent, c'est-à-dire en dedans, car la feuille carpellaire des Poivres est antérieure, superposée à la bractée florale. Dans plusieurs espèces cultivées de *Piper* et de *Peperomia*, nous avons vu cette feuille carpellaire se montrer sur le court réceptacle floral, comme un petit croissant à concavité postérieure. Souvent ce croissant, extrêmement arqué, avait ses deux extrémités presque contiguës, du côté postérieur de la fleur. Le plus ordinairement, l'enceinte ovarienne est, dès qu'elle est visible, circulaire et complète, mais plus épaisse dans ce cas au côté antérieur. L'ovule naît ensuite vers la base de la fente du carpelle; son nucelle s'élève, puis se garnit supérieurement d'une enveloppe au-dessus de laquelle son sommet demeure souvent très-visible. Il s'incline parfois vers le côté antérieur de l'ovaire; de sorte que l'ovule, parfaitement orthotrope et rectiligne dans certaines espèces, présente dans certaines autres (notamment dans le *Peperomia blanda* Hook.) un commencement d'anatropie qui porte le micropyle en haut et un peu en avant . . . . Quant à la paroi ovarienne des Pipérées, elle forme très-ordinairement un sac insymétrique; ce qui est dû à l'évolution unilatérale, par rapport au réceptacle floral, de l'unique feuille carpellaire qui la constitue. Dans les *Peperomia*, le stigmate n'occupe pas le sommet de figure de l'ovaire, mais il s'insère plus bas et plus en avant que lui. Un peu avant l'âge adulte, l'ouverture supérieure du gynécée est souvent dilatée et coupée très-obliquement, de haut en bas et de dedans en dehors. Cette disposition indique l'inégal développement dans leurs diverses régions du bord et du sommet de la feuille carpellaire. Ce dernier peut même ne pas demeurer entier, mais bien se créneler, se lober, se partager d'une façon très-variable. Dans le *Piper nigrum*, par exemple, l'ovaire est surmonté d'un style très-court, bientôt partagé en trois ou quatre languettes stigmatifères, réfléchies sur le sommet de l'ovaire. Quelquefois même il y en a cinq ou six, ou davantage. Elles sont d'inégale épaisseur, et leur position n'a rien de constant, alors même que leur nombre ne varierait pas. Quand par exemple il y a trois languettes, on en voit en avant tantôt une seule, tantôt deux. Cela tient à ce que le gynécée n'est pas constitué, comme il pourrait sembler d'abord, par plusieurs feuilles carpellaires dont les sommets demeureraient libres, ainsi qu'il arrive dans les Polygonées, les Chénopodées, les Conifères, etc., types dans lesquels la placentation est tout-à-fait centrale, mais bien par une seule feuille inégalement découpée dans sa portion stylaire.

Die ganze Darstellung weicht, wie man sieht, beträchtlich von den Resultaten meiner eigenen Untersuchungen ab. Dem gegenüber kann ich aber nur auf meine obige Darstellung sowie auf die beigefügten Abbildungen verweisen, die vollständig genügen, die Angaben Baillon's zu berichtigen. Ich brauche desshalb hier nicht weiter auf alle Einzelheiten einzugehen. Nur das eine sei noch kurz hervorgehoben, dass bei den *Pipereen* das Gynäceum niemals aus einem einzelnen Fruchtblatt gebildet ist, das dem Tragblatt der Blüthe superponirt wäre, noch viel weniger aber die einzige Samenknospe der Blüthe auf diesem Fruchtblatt an der Commissur desselben (als Achselknospe?) entsteht. Diese Angaben werden durch die Beobachtung der Entwicklung entschieden widerlegt.

Fast genau dieselben Angaben über das Gynäceum der *Piperaceen*-Blüthe finden sich in Baillon's Monographie des *Pipéracées* et des *Urticacées* (Histoire des plantes tome III) wiederholt. Le gynécée, heisst es da p. 469 ff., se compose d'un ovaire [5]) sessile, uniloculaire, atténué supérieurement en un style qui représente un très-court goulot et se partage bientôt en trois, quatre, ou même en un plus grand nombre de petites languettes inégales, réfléchies, stigmatifères. Dans la loge ovarienne se voit un petit placenta presque basilaire [1]), qui supporte un seul ovule . . . und dazu die Anmerkungen [5]) Il paraît formé d'un seul carpelle; et si le sommet du style est partagé en plusieurs languettes, celles-ci semblent représenter des divisions d'une seule et même feuille (voy. Adansonia, X, 140). On observe ça et là des fleurs à deux ou à un plus grand nombre de carpelles und [1]) Mais un peu excentrique, et plus rapproché du côté postérieur de la fleur. Dem entsprechend zeigt auch das Diagramm von *Piper nigrum* das Gynäceum gebildet aus einem einzelnen Fruchtblatt, das an seiner Commissur eine einzelne Samenknospe trägt. — Auch diese Angaben bedürfen hier keiner ausführlicheren Erörterung, auch sie finden ebenso wie die Darstellung desselben Autors in der Adansonia ihre vollständige Erledigung und Berichtigung in den obigen ausführlichen Mittheilungen über die Entwicklung der *Piperaceen*-Blüthe. —

Anderweitige Beobachtungen über die Blüthen der *Piperaceen* aus neuerer Zeit sind mir nicht bekannt geworden. —

Eine andere Frage aber ist, seitdem die obige Darstellung niedergeschrieben wurde, vielfach nach verschiedenen Seiten hin- und her besprochen worden: es ist das die Frage nach der morphologischen Bedeutung der Samenknospe. An Betrachtungen über diese Frage ist die botanische Literatur des letzten Jahres ziemlich reich. Doch sollte es hier bei der Darstellung der Blüthenentwicklung der *Piperaceen* nicht die Aufgabe sein, die morphologische Bedeutung der Samenknospe im Allgemeinen eingehender zu untersuchen und die mannigfaltigen Ansichten der verschiedenen Autoren über diese Frage ausführlicher zu erörtern, hier handelte es sich vielmehr nur darum, die eigene Auffassung der Samenknospe der *Piperaceen* zu begründen und zu rechtfertigen. Das glaube ich aber oben in dem Abschnitt über die morphologische Bedeutung der Samenknospe in ausreichender Weise gethan zu haben, so dass es nicht mehr nöthig sein wird, hier ausführlicher darauf zurückzukommen, auch nachdem inzwischen die allgemeine Frage von verschiedenen Seiten abermals eine sehr verschiedene Beantwortung gefunden hat.

Strassburg i. E. im August 1872.

Erklärung der Abbildungen.

Es bedeutet in sämmtlichen Figuren: ep Epidermis, pe Periblem, pe_1 äussere, pe_2 innere Periblemschicht, pl Plerom, pr Procambium, se parenchymatische Zellen von bedeutender Grösse, die mit einem dunkelen ölartigen Inhalte erfüllt sind und bei allen *Piperaceen* sehr häufig und in allen Theilen der Pflanze sich vorfinden. ⟿ gibt bei den medianen Blüthenlängsschnitten die Richtung von der vorderen nach der hinteren Seite der Blüthe an.

Tafel I.

Peperomia ionophylla Griseb.

Fig. 1. Spitze eines jungen Blüthenkolbens mit den eben hervortretenden Anlagen der Blüthendeckblätter.

Fig. 2. Längsschnitt durch die Spitze eines solchen Blüthenkolbens. Bei I und II die erste Anlage der Deckblätter: bei I strecken sich einzelne Zellen der äusseren Periblemschicht senkrecht zur Kolbenoberfläche, bei II ist die erste Zelltheilung bereits eingetreten. (Die Figur ist aus mehreren einzelnen zusammengesetzt.)

Peperomia pellucida H. B. K.

Fig. 3. Ein analoger Längsschnitt wie Fig. 2. Der Blüthenkolben ist bei der vorliegenden Species viel schlanker als bei der vorigen: der Pleromkörper bleibt viel dünner, die innere Periblemschicht spaltet sich weit später und weniger häufig als bei jener. Bei I und II ebenfalls die ersten Anlagen von Deckblättern.

Fig. 4—7. Deckblätter in verschiedenen Stadien der Entwicklung im medianen Längsschnitt. In Fig. 6 das erste Auftreten des Procambiums des Blattspurstranges; unterhalb des Blattes hat sich eine Zelle der äusseren Periblemschicht tangential getheilt: die erste Anlage der Achselblüthe des nächstniederen Deckblattes. In Fig. 7 hat auch die Anlage der Achselblüthe des Deckblattes selbst durch tangentiale Zelltheilungen im Periblem begonnen. tr Kurzes Kopfhaar mit einer Stielzelle und einer secernirenden Endzelle, wie solche bei allen Arten von *Peperomia* sehr häufig sind.

Fig. 8. Medianer Längsschnitt durch ein entwickeltes Deckblatt (vgl. Taf. 2 Fig. 10).

Fig. 9—11. Erste Anlage der Blüthe in der Medianebene des Deckblattes. In Fig. 9 und 10 hat sich eine Gruppe von Periblemzellen der äusseren Schicht tangential in zwei Lagen gespalten, während auch in der unterliegenden Rinde neue Zelltheilung eintritt; in Fig. 11 beginnt die untere jener beiden Lagen von neuem tangential sich zu theilen.

Fig. 12 u. 13. Mediane Blüthenlängsschnitte mit der ersten Anlage der Fruchtknotenwandung durch Neubildung im Periblem. Auf dem Scheitel des Vegetationspunktes bleiben einzelne Periblem-Zellen a von der Neubildung unberührt.

Diagramme.

Fig. 14. Empirisches Diagramm der Gattung Peperomia.

Fig. 15. Empirisches Diagramm der Gattung Enckea.

Tafel 2.

Peperomia ionophylla Griseb.

(Fortsetzunng.)

Fig. 1—3. Mediane Blüthenlängsschnitte. Fig. 1 u. 2. Entwicklung der Fruchtknotenwandung, in welcher bereits der Procambium-Strang angelegt wird. In Fig. 2 hat sich bereits eine Periblem-Zelle auf dem Vegetations-Scheitel gespalten. In Fig. 3 erste Entstehung der Samenknospe.

Fig. 4. Radialer Längsschnitt einer jungen Samenknospe, an der so eben die Anlage des Integumentes aus einem Ring von Epidermis-Zellen beginnt.

Fig. 5. Desgl. Das Integument hat sich weiter entwickelt; in der Mitte des Knospenkernes wird bereits die Embryosack-Zelle sichtbar.

Fig. 6—9. Entwicklung der Blüthe, von oben gesehen. Fig. 6. Erstes Auftreten der beiden Staubblätter. Fig. 7. Ferneres Entwicklungsstadium. Fig. 8. Erstes Hervortreten der Fruchtknotenwandung. Fig. 9. Fertige Blüthe.

Fig. 10. Medianer Längsschnitt durch eine entwickelte Blüthe. a lokale Wucherung des Rindengewebes der Kolbenspindel.

Enckea Amalago Griseb.

Fig. 11. Medianer Längsschnitt eines jungen Deckblattes, das erst als halbkugeliger kleiner Höcker sichtbar ist.

Fig. 12. Ferneres Entwicklungsstadium des Deckblattes, das bereits die erste Anlage des Procambium-Stranges zeigt. In der Achsel des

Deckblattes entsteht durch Spaltung mehrerer Zellen der äusseren Periblemschicht die erste Anlage der Achselblüthe. tr Einzelne Epidermis-Zellen wachsen zu vielzelligen Fadenhaaren aus.

Fig. 13. Ferneres Entwicklungsstadium. Das Meristem der Achselblüthe hat sich deutlich in Plerom und Periblem differenzirt.

Fig. 14—17. Mediane Längsschnitte durch die Blüthe. Fig. 14 Erste Zelltheilung im Periblem, die zur Bildung des hinteren Staubblattes führt. Fig. 15. Die beiden medianen Staubblätter sind median durchschnitten; im Periblem beginnt die Anlage des Ringwalles, der zur Fruchtknotenwandung wird. Fig. 16. Die Fruchtknotenwandung hat sich bereits deutlich erhoben. Fig. 17. Erste Anlage der Samenknospe.

Tafel 3.

Enckea Amalago Griseb.

(Fortsetzung.)

Fig. 1—5. Entwicklung der Blüthe, von oben gesehen.

Fig. 6. Medianer Längsschnitt der entwickelten Blüthe.

Fig. 7. Desgl. von einer noch sehr jungen Blüthe, in der die Anlage der Samenknospe noch nicht begonnen hat.

Fig. 8. Grundriss (Querschnitt) einer entwickelten Blüthe.

Artanthe Jamaicensis Griseb.

Fig. 9. Medianer Längsschnitt durch ein junges Deckblatt und dessen Achselknospe. In dem Deckblatt ist der Procambiumstrang bereits deutlich entwickelt. tr lange Haare. Die Achselknospe zeigt Periblem und Plerom bereits differenzirt.

Fig. 10. Medianer Längsschnitt einer jungen Blüthe. Das mediane hintere Stamen I ist bereits zu einem kleinen Zäpfchen entwickelt, das mediane vordere II wird soeben durch Zelltheilung im Periblem angelegt.

Fig. 11. Medianer Längsschnitt eines Deckblattes kurz vor der Blüthezeit.

Fig. 12. Empirisches Diagramm von *Art. Jamaicensis.*

Artanthe recurva Miq.

Fig. 13. Junge Blüthe von oben gesehen, zur Zeit des ersten Hervortretens des Fruchtknotenwalles. Die drei Staubfäden durchschnitten.

Fig. 14. Medianer Längsschnitt eines jungen Deckblatt-Höckers, kurz nach der ersten Anlage desselben in der äusseren Periblem-Schicht (pe_1).

Fig. 15. Ferneres Entwicklungsstadium. In der Achsel des Deckblattes haben sich einzelne Zellen der äusseren Periblemschicht gespalten: erste Anlage der Achselblüthe.

Fig. 16. Medianer Längsschnitt einer jungen Blüthe. Das hintere Stamen I ist zu einem kurzen Zäpfchen herangewachsen. Bei II beginnt durch Zelltheilung im Periblem die erste Anlage des Fruchtknotens.

Fig. 17. Ferneres Entwicklungsstadium. Ein Procambiumstrang pz tritt bereits in das hintere Stamen I ein. Der Ringwall des Fruchtknotens erhebt sich, während in der Mitte desselben einzelne Periblem-Zellen c, c ungetheilt bleiben.

Fig. 18. Längsschnitt einer jungen Samenknospe mit den beiden Integumenten, die aus der Epidermis entspringen. e Embryosack-Zelle, z Zellenlage um den Embryosack, die sich bereits zu spalten begonnen hat.

Fig. 19. Querschnitt eines jungen Staubbeutels. Zellgruppen, nach aussen nur von der Epidermis und einer Zellenlage umhüllt, werden zu Pollen-Mutterzellen. Die einzelne Zellenlage a spaltet sich dann in mehrere, aus denen die Wandung des Staubfaches hervorgeht.

Fig. 20. Medianer Längsschnitt eines jungen Deckblattes mit Achselblüthe (Fig. 17), um das Hervortreten des Randes der Blattoberseite zu zeigen.

Fig. 21. Grundriss (Querschnitt) einer entwickelten Blüthe.

Fig. 22. Längsschnitt derselben Blüthe zur Zeit der Verstäubung.

Tafel 4.

Pothomorphe sidifolia Miq.

Fig. 1 u. 2. Mediane Längsschnitte durch das Deckblatt und dessen Achselblüthe. In Fig. 1 ist das Deckblatt ein kleiner halbkugeliger Höcker, dessen Ursprung aus der äusseren Periblem-Schicht pe_1 noch sichtbar ist; bei pr beginnt die Anlage des Procambium-Stranges. In Fig. 2 tritt der obere Rand und die zahlreichen Haare tr bereits hervor. — In Fig. 1 hat sich eine Zelle a der äusseren Periblem-Schicht gespalten: erste Anlage der Blüthe. In Fig. 2 ist das Blüthen-Meristem bereits in Plerom und Periblem differenzirt.

Fig. 3. Erste Anlage der Blüthe (im Längsschnitt) durch Spaltung einer Anzahl von Zellen der äusseren Periblem-Schicht. Auch in der Rinde pe_2 tritt Zelltheilung ein.

Fig. 4 u. 5. Mediane Längsschnitte junger Blüthen. Fig. 4 zeigt die erste Anlage des Fruchtknotens durch Zelltheilung im Periblem auf beiden Seiten der Vegetations-Spitze a, während auf der Spitze selbst die Periblem-Zellen pe ungetheilt bleiben. In Fig. 5 ist der Ringwall zu beträchtlicher Höhe entwickelt; pe ungetheilte Periblemzellen der Vegetations-Spitze.

Fig. 6. Erste Anlage der Samenknospe im medianen Blüthenlängsschnitt.

Fig. 7. Längsschnitt einer jungen Samenknospe mit dem ersten Hervortreten der beiden Integumente.

Fig. 8. Grundriss (Querschnitt) einer entwickelten Blüthe.

Fig. 9. Längsschnitt derselben zur Blüthezeit.

Piper nigrum L. (männliche Blüthe).

Fig. 10 u. 11. Mediane Längsschnitte von Deckblatt und Achselblüthe in sehr jungen Entwicklungsstadien. In Fig. 10 erste Zelltheilung im Periblem zur Anlage der Blüthe. In Fig. 11 ist das Blüthenmeristem in Periblem und Plerom bereits differenzirt.

Fig. 12. Medianer Längsschnitt einer Blüthe. I das seitliche Staubblatt, bereits zu einem kurzen Zäpfchen entwickelt; II erste Anlage des medianen Staubblattes durch Zelltheilung im Periblem.

Fig. 13. Ferneres Entwicklungsstadium. Das mediane Staubblatt zeigt die Anlage der Staubfächer. Im Vegetationspunkt selbst ganz unregelmässige Zelltheilung.

Fig. 14. Empirisches Diagramm.

Taf. 5.

Piper nigrum L.

(Fortsetzung.)

Fig. 1. Längsschnitt einer entwickelten männlichen Blüthe.

Diagramme.

Fig. 2. Empirisches Diagramm von Artanthe recurva Miq.

Fig. 3. Empirisches Diagramm der Gattung Pothomorphe Miq.

Fig. 4—14. Ottonia laeta Kunth.

Fig. 4. Empirisches Diagramm.

Fig. 5. Medianer Längsschnitt eines jungen Deckblattes. In der Achsel desselben hat eine Zelle a der äusseren Periblem Schicht pe_1 sich gespalten: die erste Anlage der Achselblüthe.

Fig. 6 u. 7. Mediane Blüthen-Längsschnitte. I das hintere, II das vordere mediane Staubblatt. In Fig. 7 erste Anlage des Fruchtknotens durch Neubildung im Periblem zu beiden Seiten des Vegetationspunktes.

Fig. 8. Desgl. Erste Anlage der Samenknospe durch Zelltheilung im Plerom und Periblem.

Fig. 9 u. 10. Entwicklung der Blüthe, von oben gesehen. Fig. 9 Anlage der Staubblatthöcker, Fig. 10 Anlage des Fruchtknotens.

Fig. 11—13. Mediane Längsschnitte durch Deckblatt und Achselblüthe in verschiedenen Entwicklungsstadien.

Fig. 14. Grundriss (Querschnitt) der Blüthe.

Taf. 1.

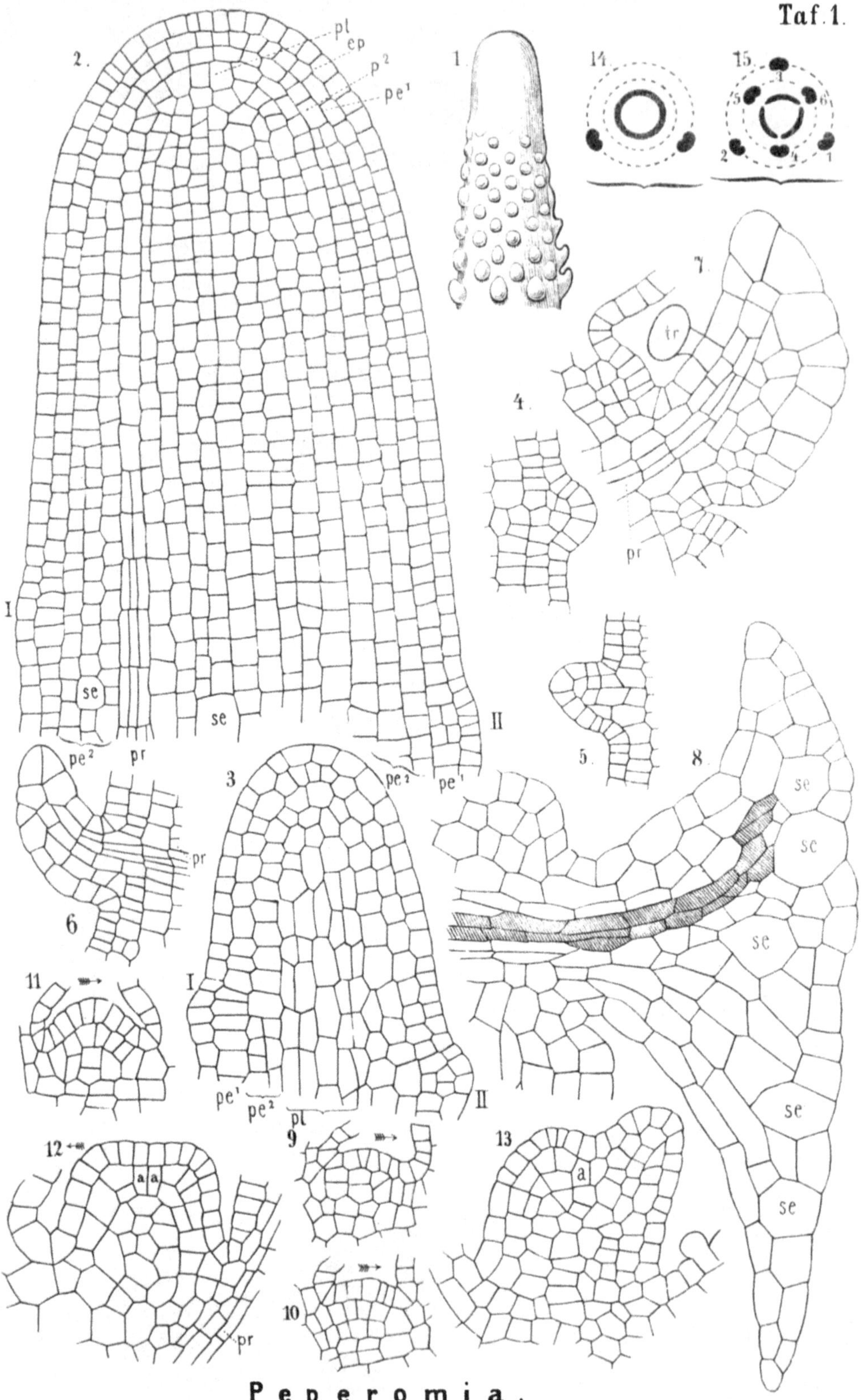

Peperomia.

Fr. Schmitz gez.

Lith. Jnst. A. Henry in Bonn.

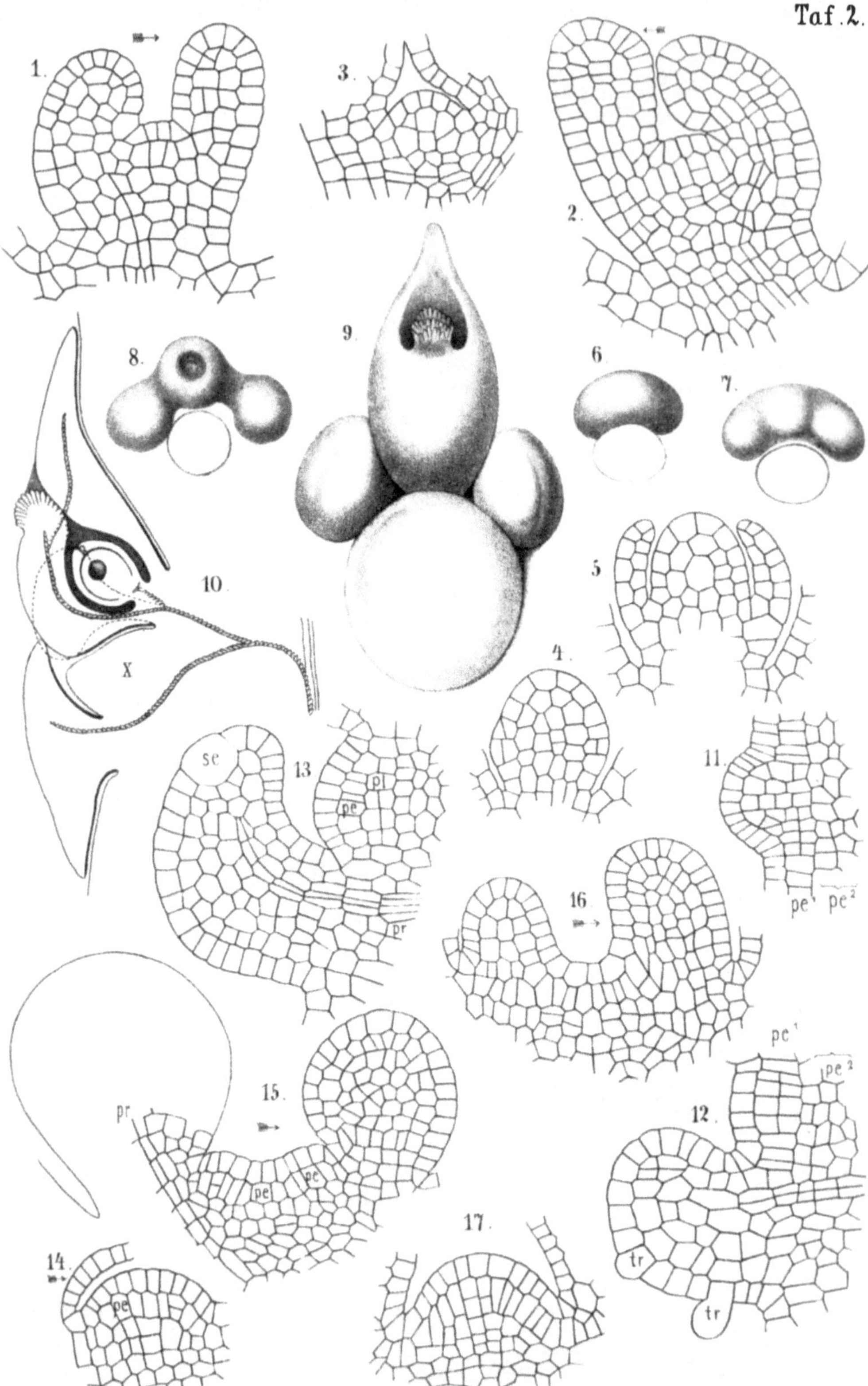

1–10. Peperomia. 11–17. Enckea.

Fr. Schmitz gez.

Lith. Jnst. v. A. Henry in Bonn

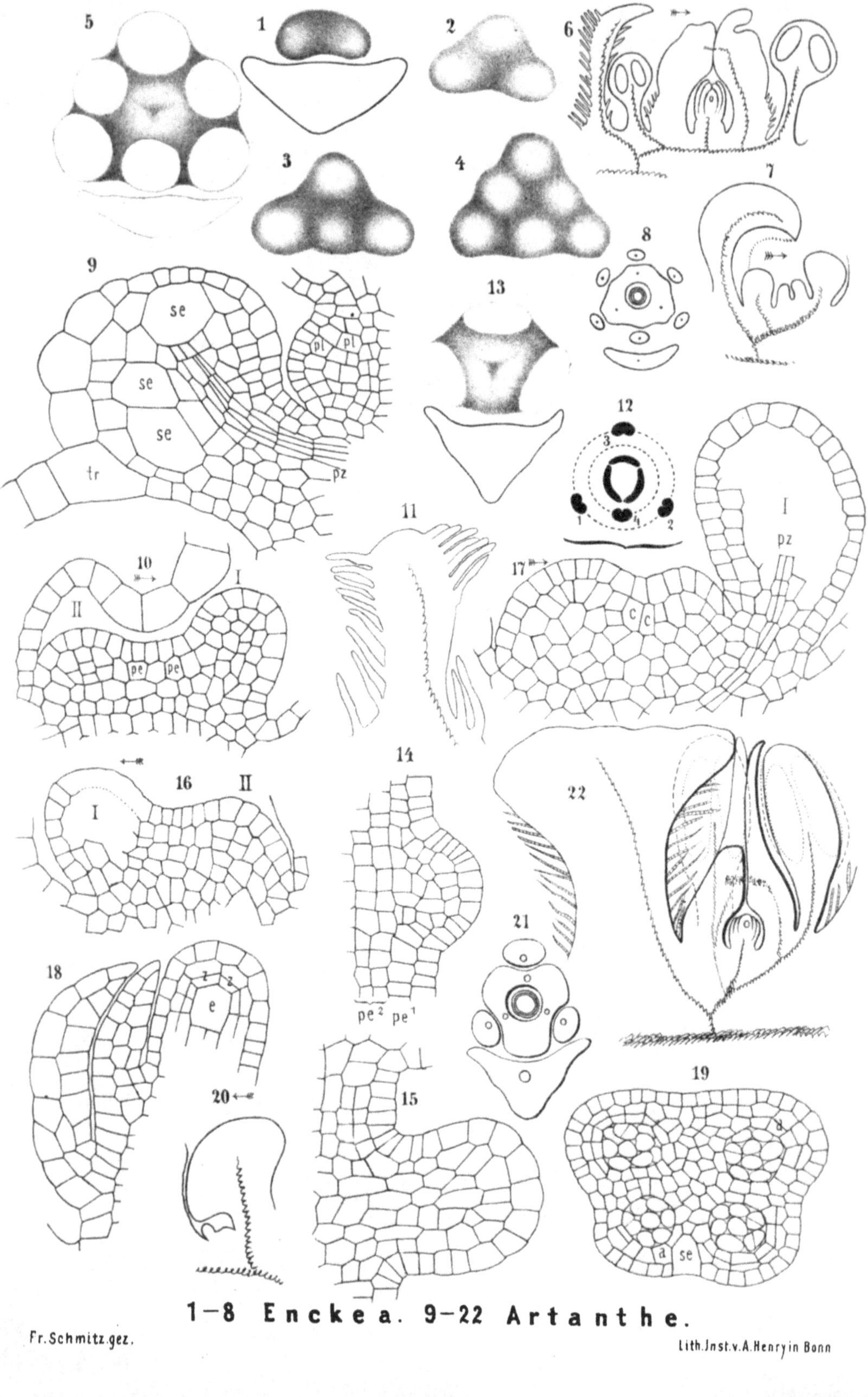

1–8 Enckea. 9–22 Artanthe.

Fr. Schmitz gez.

Lith. Inst. v. A. Henry in Bonn

Taf. 4.

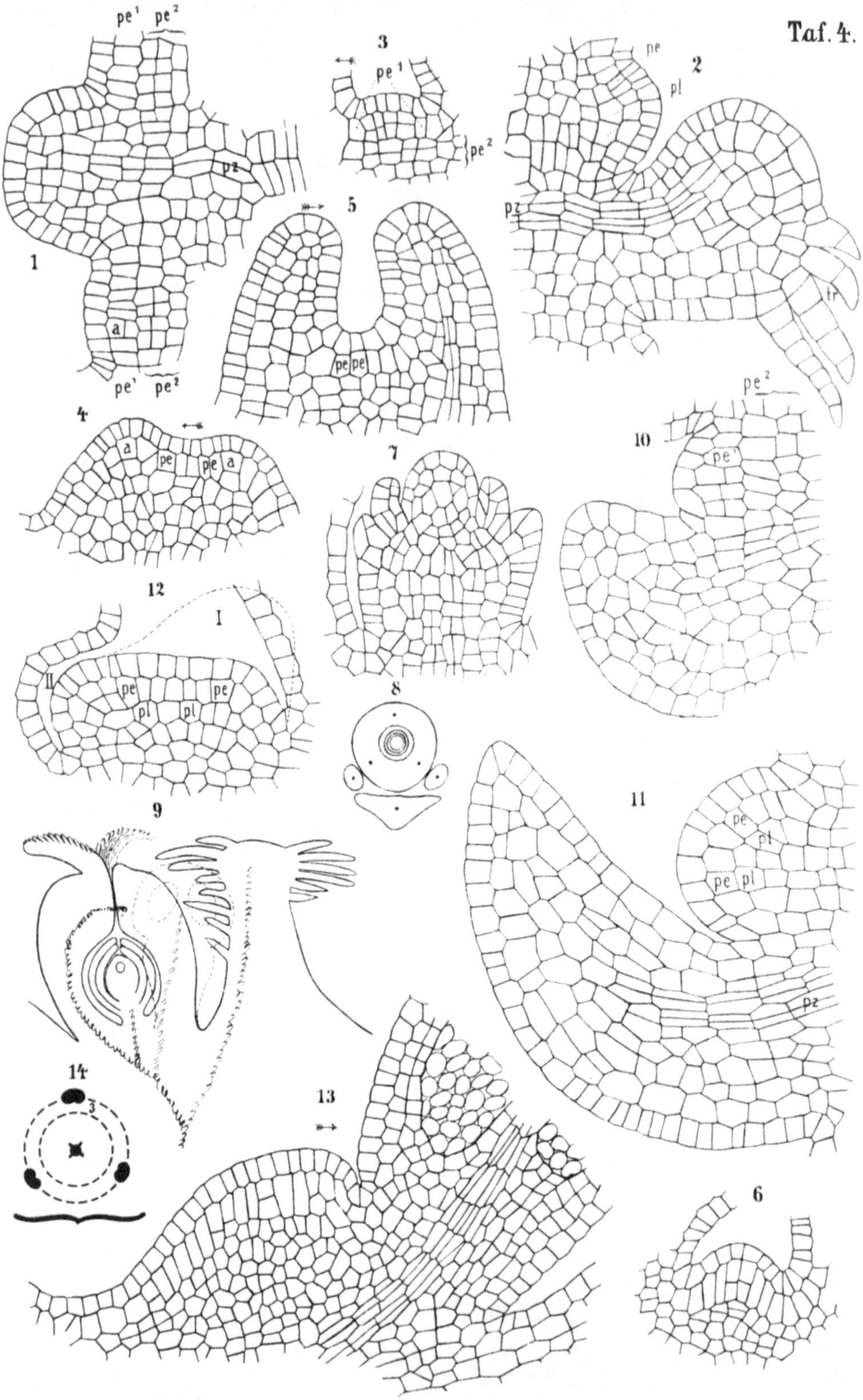

1–9 Pothomorphe. 10–14 Piper.

Fr. Schmitz. gez.

Lith. Jnst. v. A. Henry in Bonn.

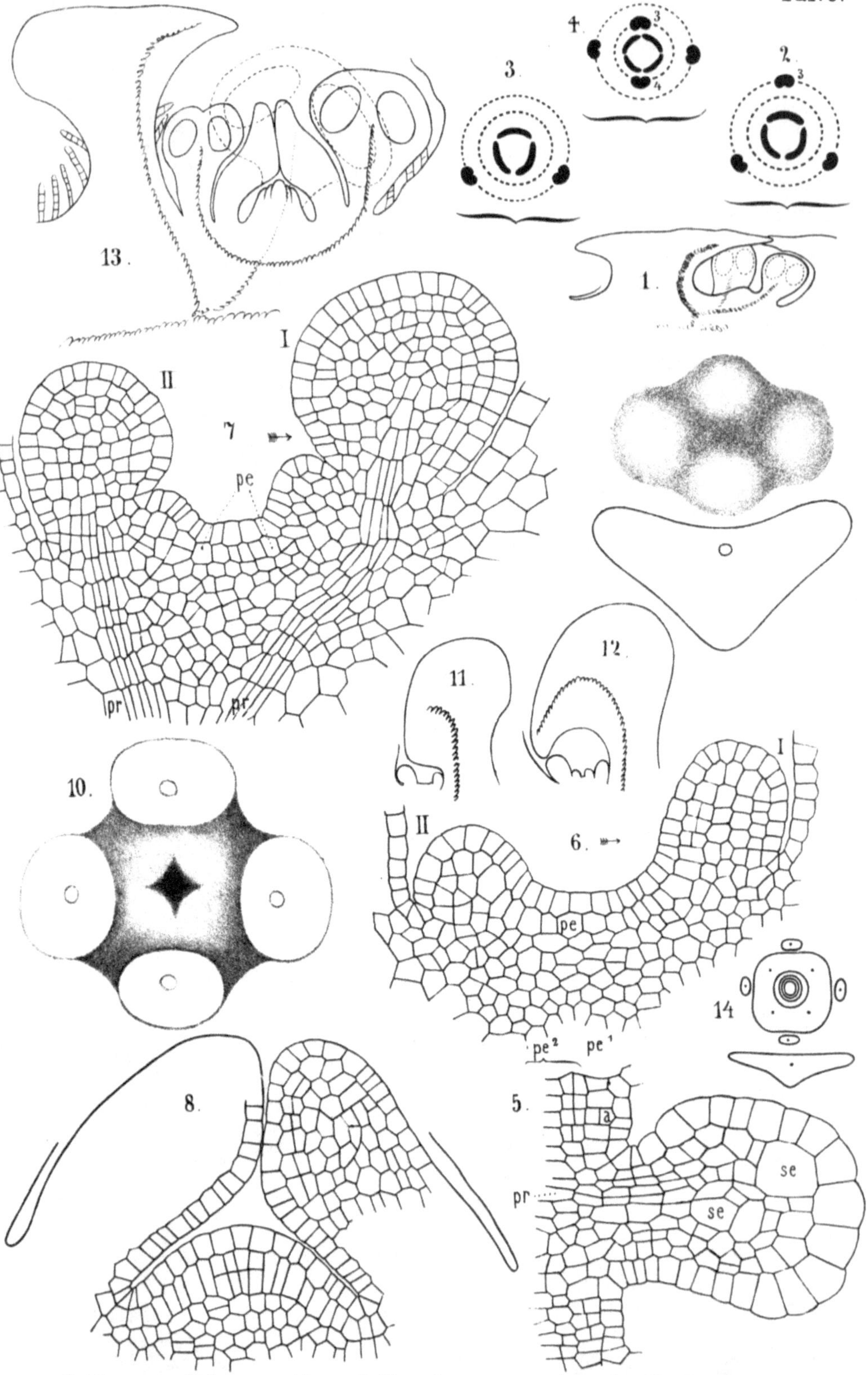

1. Piper 2. Artanthe 3. Pothomorphe 4–14. Ottonia.

Das I. Heft des **1. Bandes** der

Botanischen Abhandlungen

enthält:

Die

Entwicklung des Keimes

der

Monokotylen und Dikotylen

von

Dr. Johannes Hanstein.

Mit 18 lithographirten Tafeln.

1870. Preis 2 Thlr. 25 Sgr.

Das II. Heft enthält:

Untersuchungen

über

Bau und Entwicklung der Bacillariaceen

(Diatomaceen)

von

Dr. Ernst Pfitzer.

Mit 6 Tafeln in Farbendruck.

1871. Preis 2 Thlr. 10 Sgr.

Das III. Heft enthält:

Untersuchungen

über

Wachsthumsgeschichte und Morphologie

der

Phanerogamen-Wurzel

von

Johannes Reinke.

Mit 2 lithographirten Tafeln.

1871. Preis 25 Sgr.

Das IV. Heft enthält:

Die

Entwicklung des Keimes

der

Gattung Selaginella

von

W. Pfeffer.

Mit 6 lithographirten Tafeln.

1871. Preis 1 Thlr. 20 Sgr.

FSC
www.fsc.org
MIX
Papier | Fördert gute Waldnutzung
FSC® C083411

Zeitfracht Medien GmbH
Ferdinand-Jühlke-Straße 7
99095 Erfurt, Deutschland
produktsicherheit@kolibri360.de